🔍 効果がすぐ出る

SEO事典

株式会社ユナイテッドリバーズ　岡崎良徳

本書内容に関するお問い合わせについて

このたびは翔泳社の書籍をお買い上げいただき、誠にありがとうございます。弊社では、読者の皆様からのお問い合わせに適切に対応させていただくため、以下のガイドラインへのご協力をお願い致しております。下記項目をお読みいただき、手順に従ってお問い合わせください。

●ご質問される前に

弊社Webサイトの「正誤表」をご参照ください。これまでに判明した正誤や追加情報を掲載しています。

　　正誤表　　http://www.shoeisha.co.jp/book/errata/

●ご質問方法

弊社Webサイトの「刊行物Q&A」をご利用ください。

　　刊行物Q&A　　http://www.shoeisha.co.jp/book/qa/

インターネットをご利用でない場合は、FAXまたは郵便にて、下記"翔泳社 愛読者サービスセンター"までお問い合わせください。
電話でのご質問は、お受けしておりません。

●回答について

回答は、ご質問いただいた手段によってご返事申し上げます。ご質問の内容によっては、回答に数日ないしはそれ以上の期間を要する場合があります。

●ご質問に際してのご注意

本書の対象を越えるもの、記述個所を特定されないもの、また読者固有の環境に起因するご質問等にはお答えできませんので、予めご了承ください。

●郵便物送付先およびFAX番号

　　送付先住所　　〒160-0006　東京都新宿区舟町5
　　FAX番号　　　03-5362-3818
　　宛先　　　　　（株）翔泳社 愛読者サービスセンター

※本書に記載されたURL等は予告なく変更される場合があります。
※本書の出版にあたっては正確な記述につとめましたが、著者や出版社などのいずれも、本書の内容に対してなんらかの保証をするものではなく、内容やサンプルに基づくいかなる運用結果に関してもいっさいの責任を負いません。
※本書に掲載されているサンプルプログラムやスクリプト、および実行結果を記した画面イメージなどは、特定の設定に基づいた環境にて再現される一例です。

※本書に記載されている会社名、製品名はそれぞれ各社の商標および登録商標です。

はじめに

　本書を手にとっていただきありがとうございます。

　これをご覧になっているということは、少なからずSEOについて関心がある方でしょう。そんなあなたであれば、「SEOは難しくなった」と「SEOは簡単になった」という両極端の意見を耳にしたことがあるのではないでしょうか。どちらの意見もある意味で正しく、ある意味で間違っていると感じています。

　ここ数年の検索エンジン、とりわけGoogleのアルゴリズムの進化によって、小手先のテクニックを駆使するSEOは通用しにくくなり、ユーザーから支持されるコンテンツを提供しているサイトがSEOでも強くなりました。

　「SEOは難しくなった」と感じている方は、いまでは通用しなくなった旧来のSEOテクニック、ページや人工リンクの量産などが通用しなくなったことを指して「難しい」と話しているのでしょうし、「SEOは簡単になった」と感じている方は、コンテンツづくりに集中できるシンプルな競争環境になったことを指して「簡単」と話しているのだと思います。

　そんな環境の変化から、SEOにおけるテクニカルな領域の占める割合は減じています。そのためか、最近のSEO指南本では「ユーザーを向いてコンテンツを作ろう」「ユーザーにとって価値のあるサイトを作ろう」という精神論に終始してしまうものが増えてきているのではないでしょうか。

　たしかにそうした考え方は重要ですが、一方でそうした精神論めいた説明だけでは具体的な施策に結びつけにくいのも現実です。現場のSEO担当者は、さまざまな書籍やWebサイトを参考にしながらも、「もっと具体的な施策を知りたい」「すぐに実践できる改善策が欲しい」とそんな想いを抱いているのではないでしょうか。

　本書は、SEOの基本的な考え方はもとより、現場の担当者にとってすぐに実践に移せるテクニック・ノウハウを可能な限り具体的に紹介することを目指して執筆しました。前半は基本的な内容を、後半に進むにつれハイレベルな内容となっています。SEO初心者の方はCHAPTER1から、すでに基本を身に付けている方は目次を見て気になる箇所を拾い読みしていただければ結構です。

　本書がSEOに関わるひとりでも多くの方の一助となれば幸甚です。

2016年1月　　岡崎良徳

CONTENTS

はじめに 3
本書の使い方 8

CHAPTER 1 | SEOの基礎知識編

01	SEOってそもそも何なの?	10
02	「SEOの時代は終わった」って本当?	13
03	どんなサイトやページが検索結果で上位になるの?	18
04	Googleのアルゴリズムの基本を理解しよう	21
05	SEOの内部施策/外部施策って何?	24
06	ホワイトハットSEO/ブラックハットSEOって何?	28
07	ペンギンアップデート/パンダアップデートって何?	32
08	SEO/リスティング/アフィリエイトのどれから取り組むべき?	36
09	どんなビジネスでもSEOは効果的?(ビジネスの形態による向きと不向き)	40
10	ソーシャルメディアや無料ブログを自社サイト代わりにしても大丈夫?	43
11	一度SEO施策が完了したら、あとは放っておいてもいい?	45
12	「ソーシャルメディアからのリンクは効果がない」って本当?	47
13	SEO対策を始める前に知っておきたい大前提	49

CHAPTER 2 | 手軽な対策編

14	ターゲットキーワードの選び方を知りたい	58
15	キーワードの検索ボリュームをチェックしたい	63
16	サイト設計のポイントを知りたい	67
17	サイト名を決めるときのポイントを知りたい	72
18	トップページデザインのSEO対策を知りたい	74
19	一覧ページのSEO対策を知りたい	78
20	有効なタグを知りたい① titleタグ	81
21	有効なタグを知りたい② hタグ	85
22	有効なタグを知りたい③ alt属性	90
23	Googleに対してサイト構造を示したい	92
24	似たページがあっても評価を下げられないようにしたい	95
25	似たページの中でオリジナルを示したい	98
26	アクセス解析したい（Google Analyticsを活用する）	101
27	インデックスの促進／ペナルティの確認をしたい （Google Search Consoleに登録する）	109
28	Microsoft Bing対策をしたい （Bing Webマスターツールを活用する）	112

CHAPTER 3 | 本気の対策編

29	検索エンジンからの流入数を知りたい	118
30	訪問者の検索キーワードや成約数を知りたい	121
31	特定キーワードでの検索流入数が急に増減したら？	124
32	サイトの検索順位を知りたい	127
33	Facebook広告を出したい	130
34	Facebookでシェアされたときに目立たせたい	133
35	Twitterでシェアされたときに目立たせたい	141
36	競合分析をしたい	146
37	インデックスが進まないときの対策を知りたい	155
38	スマートフォン向けのSEO対策を知りたい	160
39	スマートフォン対応時のURLはどうしたらよいか知りたい	163
40	PC・スマートフォンで別々のURLのときの対策を知りたい	168
41	SEOに有利なドメイン・URLにしたい	171
42	終了したキャンペーンページや商品ページは削除すべき？	173
43	低品質になりがちなページの種類を知りたい	176
44	低品質なページを洗い出したい	178
45	実店舗への集客を増やしたい（ローカルSEO）	184

CHAPTER 4 | ハイレベル対策／トラブル対応編

46	コンテンツマーケティング／コンテンツSEOについて知りたい	192
47	オウンドメディア開設・運営のポイントを知りたい	195
48	バズマーケティングについて知りたい	200
49	バズを狙いたい① 初期露出の導線を用意する	204
50	バズを狙いたい② はてなブックマークを活用する	207
51	バズを狙いたい③ はてなブックマークの「新着エントリー」に入る	212
52	バズが起きやすいコンテンツ企画の立て方を知りたい	218
53	バズが起きやすいタイトルのつけ方を知りたい	224
54	シェアされやすいアイキャッチ画像の選び方を知りたい	228
55	ライティングを外注したい	230
56	サイトリニューアルの注意点を知りたい	236
57	ペナルティを解除したい①「不自然なリンク」の場合	240
58	ペナルティを解除したい②「低品質なコンテンツ」の場合	247

Webサイトのここを見よう！SEOチェックリスト……………249
プロが作ったWordPress用スマートフォン最適化テーマ……………251
狙いが伝わる外注ライター向けマニュアル……………253
索引……………254

本書の使い方

　本書は、状況や目的別に、4つの章に分かれています。目的に沿ったページや、気になるページを探してみてください。もちろん、最初から最後まで読めば、SEOについておおよその知識や技術を身につけることができます。自分のスタイルに合わせて、ぜひご活用ください。

◯ CHAPTER 1｜SEOの基礎知識編｜を読むのはこんなとき
　・検索やSEOの基本的なことを知りたい
　・現在のSEOが置かれている状況を知りたい
　・よくあるウワサが本当か知りたい

◯ CHAPTER 2｜手軽な対策編｜を読むのはこんなとき
　・すぐ手をつけられる対策だけでもしておきたい
　・キーワードの選定や、簡単な分析がしたい
　・あまり難しくないテクニックを知りたい
　・サイト改善の方向性を決めたい

◯ CHAPTER 3｜本気の対策編｜を読むのはこんなとき
　・しっかり時間をかけてサイトを強くしていきたい
　・競合サイトも含めた本格的な分析がしたい
　・ソーシャルメディアを活用したい
　・スマートフォン対策をしたい

◯ CHAPTER 4｜ハイレベル対策／トラブル対応編｜を読むのはこんなとき
　・バズを狙いたい
　・ソーシャルメディアユーザーのニーズを把握したい
　・サイトをリニューアルしたい
　・Googleのペナルティを解除したい

CHAPTER 1
SEOの基礎知識編

CHAPTER 1 | SEOの基礎知識編

01 SEOってそもそも何なの?

3行でわかる!
- ☑ Search Engine Optimization(検索エンジン最適化)の略称
- ☑ GoogleやYahoo!などの検索エンジンを通じた集客を増やすための手法
- ☑ 狙った検索キーワードでの検索結果に上位表示させて集客を増やす

🔍 SEOが重要となった背景

○ インターネット検索は当たり前

「最近肩こりがつらいな。近所によさそうな整体院がないか探してみよう」といったとき、あなたならどのように情報を探しますか? タウンページを開いて上から順番に電話をかけたり、街を歩いて目についた整体院に片っ端から入ってみたりする……という人はあまりいないでしょう。多くの人は、検索エンジンにアクセスし、「地名×整体院」「地名×マッサージ」などのキーワード検索結果を見て、その中からよさそうな整体院を探すのではないでしょうか。

○ ほとんどの人が日常的に検索している

総務省の調査によれば、2013年末の時点でインターネット利用者人口は82.8%に達しています(図1-1)。13歳〜59歳では全年代で90%を超えています。インターネットで検索する行動を指す「ググる」という言葉もすっかり一般化し、テレビや雑誌などのマスメディアでも注釈なしに使われるようになりました。

○ SEOが集客を左右する

こうした時代ですから、インターネットを通じた集客力を高めることは事業者にとって必須の課題といえます。GoogleやYahoo!などの検索

図1-1:インターネットの利用者数及び人口普及率の推移

出典：総務省｜平成26年版 情報通信白書｜インターネットの利用状況
http://www.soumu.go.jp/johotsusintokei/whitepaper/ja/h26/html/nc253120.html

エンジンで検索されたときに、見つけられやすくなっていることが集客力に格段の違いをもたらすのです。

SEOとは、それらの検索エンジンを通じて検索をした人に、Webサイトを見つけてもらいやすくするためのテクニックです。

SEOのメリット

SEOのメリットは、アクセスに比例して広告費が増えることがないという点です。リスティング広告（検索連動型広告）はクリックごとに課金されますし、アフィリエイトなら成約ごと、純広告であれば期間や露出量に比例したコストがかかります。

一方、検索結果に表示された自社サイトのリンクは何回クリックされようとも費用が発生することはありません。また、広告の場合は出稿し続ける限り継続して費用が発生しますが、検索結果への表示にそうした制限はありません。検索エンジンに評価され続けている限り、追加費用なしで集客し続けられます。

検索上位になるとどれほど優位なのか

◉ 表示順位とクリック率

　検索結果の上位に表示されるほど集客上有利であるということは直感的に理解しやすいと思いますが、具体的にはどれくらいの差異が生じるのでしょうか。Chaphy社が2014年に公表した調査結果によると、Google検索の表示順位とクリック率は表1-1の結果となりました。

■表1-1:Google検索の表示順位とクリック率

Google 検索での順位	クリック率
1位	31.24%
2位	14.04%
3位	9.85%
4位	6.97%
5位	5.50%
6位～10位	3.73%

出典：Moz「Google Organic Click-Through Rates in 2014」
https://moz.com/blog/google-organic-click-through-rates-in-2014

　検索キーワードによって違いがあるため、必ずこのクリック率になるわけではありませんが、上位になればなるほど流入数が増える傾向に違いはありません。SEOに取り組む際に、検索順位が重要視されるのはこうした理由からなのです。

CHAPTER 1 | SEOの基礎知識編

02 「SEOの時代は終わった」って本当?

> **3行でわかる!**
> - ☑ 少なくともいまは終わっていないし、向こう数十年は終わらない
> - ☑ ソーシャルメディアなどと検索サービスではユーザーの目的が異なる
> - ☑ ソーシャルメディアを活用するとSEOでも結果を出しやすい

🔍 SEOの時代は終わっていない

○ SNSやキュレーションサービスの発達

FacebookやTwitterに代表されるソーシャルメディアや、興味のあるニュースをまとめて届けてくれるグノシーなどのキュレーションサービスが発達したことで、「SEOはオワコン(終わったコンテンツ)」という趣旨の発言をよく見かけるようになりました。

ソーシャルメディアやキュレーションサービスを利用すれば、興味のある情報はだまっていても入ってくるし、聞きたいことはつながっている友だちに聞けばよいのだから、わざわざ面倒な検索なんてしなくてよくなる……というのがその論拠です。

○ 検索数は増加の一途

それでは、実際のところ検索エンジンの利用は減っているのでしょうか。「論より証拠」というわけで、次の図を見てください(図1-2、図1-3)。

■図1-2：年代別SNS利用者数

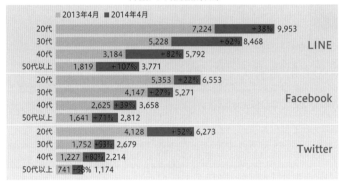

出典：ニールセン「ソーシャルメディアと スマートフォンの潮流」
http://www.nielsen.com/content/dam/nielsenglobal/jp/docs/report/2014/20141020_LifeWithMobile_Web.pdf

■図1-3：マルチデバイス化による検索数の増大

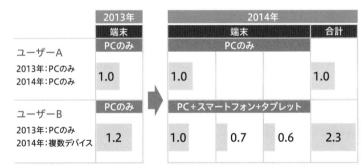

※ユーザーAの2013年における検索数を1とした場合の相対値

出典：Web担当者Forum「スマホのみ利用が1.6倍、スマホのみ検索キーワードが7倍、ヤフーの調査にみる検索市場の将来」
http://web-tan.forum.impressrd.jp/yahooads/2015/01/27/19061

○スマートフォン・タブレットによる効果

　2013年から2014年にかけて、ソーシャルメディアの利用者数が急増しているにもかかわらず、検索行動も2.3倍に増加しているのです。これは、Yahoo!のデータ（図1-3）に示されているように、スマートフォンやタブレットが普及したことで「いつでもどこでも」検索行動を取るユーザーが増えたことが理由です。

　テレビを見ながら気になった言葉について調べたり、出先で外食先を探したりするためにスマートフォンで検索をした経験は、ほとんどの方にあるのではないでしょうか。

ソーシャルメディアと検索エンジンの目的の違い

○ソーシャルメディアやキュレーションメディアの使われ方

　そもそも、ソーシャルメディアやキュレーションメディアと検索エンジンとでは、ユーザーによる使われ方が異なります。

　ソーシャルメディアやキュレーションメディアの使い方は、一言で表してしまえば暇つぶしです。テレビをザッピングするように、タイムラインを流れる情報を受動的に眺め、興味を引くものがあればクリックして詳しく内容を読むという行動がメインとなります（図1-4）。

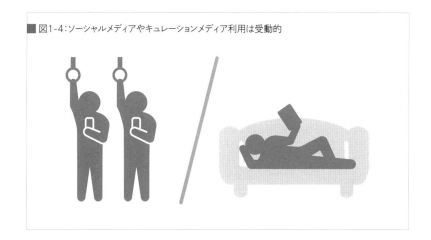

■図1-4：ソーシャルメディアやキュレーションメディア利用は受動的

◎ 検索エンジンの使われ方

一方、検索エンジンを利用するときには多くの場合、以下のような目的があります。

・知らない言葉の意味を知りたい
・購入を検討している商品の口コミを読みたい
・職場の近くにある病院を探したい

このような情報を、ソーシャルメディアやキュレーションメディアで探し出すのは困難です。つながっている友だちに聞くのも1つの方法ですが、専門性の高い情報や、買ったこともない商品について、信頼できる情報を得るのはやはり難しいでしょう（図1-5）。

■ 図1-5:検索エンジン利用は能動的

◎ SEOはこれからも重要

いつかAI（人工知能）が発達し、わざわざ検索キーワードを考えなくともユーザーが望むものを提供してくれるようなサービスでも登場しない限り、検索サービスに対する需要がなくなることはないでしょう。ひょっとすると、仮にそうしたAIが登場しても、AIが参照するデータベースの中でよりヒットしやすくなるような新しいSEOが生まれているかもしれません。

ソーシャルメディアとSEOの相乗効果

○ SEOから見たソーシャルメディア活用

ソーシャルメディアと検索エンジンの違いについて述べましたが、ソーシャルメディアとSEOは相反するものではありません。むしろ、一緒に活用することでお互いに効果を高め合うことができます。

SEO的な観点では、ソーシャルメディアの普及による最も大きな変化は「多くの普通のユーザーが、自然にリンクを張ったり、拡散したりするようになった」という点です。詳細は後述しますが、検索順位の向上には外部からの自然なリンクが効果的です。

○ 相乗効果のしくみ

思わずソーシャルメディアでシェアしたくなる良質なコンテンツをWebページに掲載し、そのページが拡散されることで効果的に検索上位を狙えます。いったん検索上位になれば、今度は検索エンジン経由で訪れたユーザーがまた拡散してくれ、ますます上位表示されやすくなるという好循環になるのです（図1-6）。

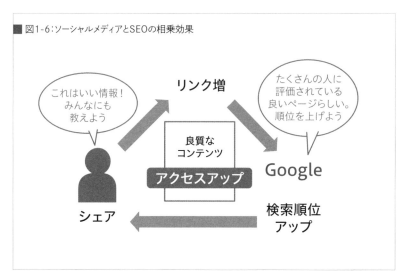

■ 図1-6：ソーシャルメディアとSEOの相乗効果

CHAPTER 1 | SEOの基礎知識編

03 どんなサイトやページが検索結果で上位になるの？

3行でわかる！
- ☑ 日本の検索エンジンシェアはGoogleが97%超。SEOは実質的にGoogle対策
- ☑ Googleは検索ユーザーの満足度を上げたい
- ☑ 検索ユーザーが満足するページを制作することが上位になるための第一歩

🔍 日本のSEOは実質的にGoogle対策

　日本で最も多くのユーザーが利用している検索エンジンはGoogleです。「え、周りの人はみんなYahoo!を使っているよ」と思う人もいるかもしれませんが、実はYahoo!検索では、2010年12月からGoogleの検索エンジンが採用されており、それ以降Yahoo!検索とGoogle検索の検索結果はほとんど同一になりました。

　2014年のアウンコンサルティング株式会社の調査[※]によれば、Googleの検索エンジンシェアは97.06%と、ほぼ100%といってよい高いシェアを誇っています。このため、日本においてSEO施策を行うときは、実質的にGoogleに向けた対策と同義になります。

※出典：世界40の国と地域の検索エンジンシェアと推移
　　　【2014年6月版】アウンコンサルティング
　　　https://www.globalmarketingchannel.com/press/press.php?id=survey20140624

🔍 Googleのビジネスモデルを理解しよう

○ Googleの収益源

　Googleに評価され、検索結果に上位表示されるのはどんなウェブページなのでしょうか？　これを理解するためには、Googleのビジネスモデルを知る必要があります。

Googleは世界最大のインターネット企業です。その収益の大部分は「検索連動型広告」と呼ばれるサービスから成り立っています。検索連動型広告とは、検索結果の上部や右側の枠に、検索キーワードに関連した広告を表示させるものです（図1-7）。

■図1-7：Google検索結果に表示される検索連動型広告の例

○検索ユーザーの満足度を重視

　検索連動型広告では、表示された広告がクリックされるごとに広告費が発生します。つまり、より多くのユーザーがGoogle検索を利用するほどGoogleの収益は増えるのです。そのため、Googleは検索ユーザーの満足度を最も重視します。Googleはユーザーが求めている情報が検索結果に的確に表示される状態を常に目指し続けているのです。

　要するに、Googleに評価され、検索結果に上位表示されるページとは「検索ユーザーのニーズに沿った有益なコンテンツが掲載されているページ」なのです。

🔍 Googleに評価されるページはどうやって作るのか

⦿ アルゴリズムを完全に読み解くのは不可能

「検索ユーザーのニーズに沿った有益なコンテンツが掲載されているページ」を上位表示すると言っても、Googleは一体どうやってそれを判定しているのでしょうか。10億件を超えるといわれるウェブサイトを、人間の目で一つ一つ確認することは現実的に不可能です。

Googleは、検索結果の表示に独自のルール（アルゴリズム）を構築してこれを機械化しています。このアルゴリズムは非公開であり、数百の指標が複雑に絡み合っているうえに絶えず修正が加えられているため、アルゴリズムを完全に解明することはできませんし、意味のない行為です。

⦿ Googleではなくターゲットユーザーを意識する

コンテンツを制作するときはGoogleを意識するのではなく、ターゲットユーザーにとって「役に立つか」「わかりやすいか」「資料としての参照や、ソーシャルメディアでシェアしたくなるか」を考えてください。Googleは、人間にとって有益な情報をより上位に表示したいと考えています。

しかし、Googleのアルゴリズムは完璧ではありません。よい内容のページを作るだけでは不十分なのです。Googleに評価されやすいページを作るポイントは、次のページ以降で詳述していきます。

CHAPTER 1 | SEOの基礎知識編

04 Googleのアルゴリズムの基本を理解しよう

3行でわかる！
- ☑ Googleは原則、一定のルール（アルゴリズム）に従って検索順位を決めている
- ☑ 「ページ自体の価値」と「ユーザーからどれだけ支持されているか」を見る
- ☑ 上記2つの軸で「検索ユーザーにとって有用なページ」を判断している

🔍 アルゴリズムはブラックボックス。だがヒントはある

○ SEOは試行錯誤の繰り返し

前節で説明した通り、Googleは無数に存在するWebページを可能な限り巡回し、膨大な数をインデックス（検索エンジンに表示できるようGoogleのサーバーにデータを保存すること）しています。そのため、一部の例外(※)を除いて自動的に順位を決定しています。

不正行為を防ぐため、Googleは順位決定のアルゴリズムの詳細を公開していません。そのため、SEOに携わる人間はGoogleが発するメッセージや意図を読み、実験を繰り返して「より効果的なSEO施策」を試行錯誤しています。100%の正解がないところがSEOの怖いところであり、面白いところでもあります。

※「手動ペナルティ」というペナルティが与えられた状態が例外です。ペナルティについては「57 ペナルティを解除したい①「不自然なリンク」の場合」で解説しています。

○ Google公式の最適化ガイドをチェックしよう

Googleのアルゴリズムは完全に非公開というわけではなく、ヒントも示されています。それどころか、「検索エンジン最適化スターターガイド」という初心者向けのSEOの指南資料を公開しているほどです。SEOはとかく悪者にされがちですが、正しいSEOは「よりよいコンテンツを、よりGoogleに理解しやすい形式で掲載する」ことにつながるた

め、実はGoogleにとってもメリットがあるのです。

「検索エンジン最適化スターターガイド」はよくも悪くも初心者向けで、Googleの都合に沿った書き方がされているため、すべてその通りにしては無駄があります。しかし、Googleの基本的な考え方や姿勢が垣間見える資料ですので、SEOを始めるのであれば一読しておいた方がよいでしょう。

※参考：Google検索エンジン最適化スターターガイド（PDF）
URL http://static.googleusercontent.com/media/www.google.co.jp/ja/jp/intl/ja/webmasters/docs/search-engine-optimization-starter-guide-ja.pdf

Googleが評価する基準を知っておく

○ 2つの軸をもとに決定される

Googleは大きく分けて2つの軸に沿ってWebページの価値を評価し、順位を決定しています。それは、「ページ自体の価値」と「ページが他者（運営者以外のユーザー）からどれくらい支持されているか」の2点です。

○「ページ自体の価値」とは

ページ自体の価値は、検索ユーザーにとって「そのページがどれほど有用そうか」という点で計られます。たとえば、「ナポリタン×レシピ」で検索したユーザーに対して、どんなページを表示すると満足度が高そうかを想像してみましょう。「ナポリタンの材料のみが書かれたページ」と「調理手順やアレンジレシピが豊富に掲載されているページ」があったなら、後者を上位に表示した方がユーザーの満足度は高くなると考えられますね（図1-8）。基本的にはこのような考え方で、ページ自体の価値が判断されています（詳細は「13 SEO対策を始める前に知っておきたい大前提」を参照）。

■ 図1-8:満足度の低いサイト(左)と高いサイト(右)

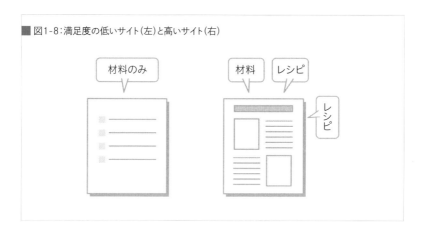

○「ページが他者からどれくらい支持されているか」の判断基準

　「ページが他者からどれくらい支持されているか」は、言い換えると「外部のサイトからどれくらいリンクされているか」となります。しかし、単純に量が多ければよいというわけではありません。現在はリンクの量よりも質が重視されており、より信頼性が高く、情報量のあるしっかりしたサイトからのリンクでなければ評価されにくいのです。また、お金を払ってリンクをしてもらう行為はスパムとして禁止されています。

　SEOの施策は、前者の軸に沿ってサイト自体を改善する「内部施策」と、後者の軸に沿って自然リンクを増やす「外部施策」に大きく二分できます。

CHAPTER 1 | SEOの基礎知識編

05 SEOの内部施策／外部施策って何？

3行でわかる！
- ☑ SEOの手法は「内部施策」と「外部施策」の2つに分類できる
- ☑ 内部施策とは、自社サイト内の改善施策のこと
- ☑ 外部施策とは、外部リンクの獲得を中心とした施策のこと

🔍 内部施策と外部施策

　SEOの手法は、大きく内部施策と外部施策の2つに分類できます。内部施策とは、自社サイトそのものに手を加える施策です。一方の外部施策は、外部のサイトに働きかけて自然リンクを獲得しようという施策です。内部施策は自助努力でいくらでも進められるのに対し、外部施策は自分自身でコントロールができないため、難易度の高い方法といえます（図1-9）。
　個別のテクニックについてはCHAPTER2以降で紹介しますので、ここでは大枠の考え方についてのみ述べていきます。

■ 図1-9：内部施策と外部施策

🔍 内部施策のポイント

内部施策はまとめると非常にシンプルで、下記の2点に集約されます。

・Googleに理解されやすいサイト構造にする
・検索ユーザーに有用なコンテンツを豊富に掲載する

○ Googleに理解されやすいサイト構造にする

1点目はテクニカルな部分です。昔はGoogleのアルゴリズムの性能が低かったため、様々な工夫が必要であり、それらの工夫が効果を発揮していました。しかし、Google検索がかなり高性能になった現在では、微に入り細を穿つテクニックの効果は下がっており、最低限のポイントを押さえるだけでもかなり戦えるようになっています。しかし、その最低限を押さえていないと、どんなによいコンテンツを作っても評価されませんので、軽視してはならない部分でもあります。

○ 検索ユーザーに有用なコンテンツを豊富に掲載する

2点目は地道な努力とユーザー理解が必要な部分です。自社サイトを訪れるユーザーが求めている情報をイメージし、それに沿ってコンテンツを制作する必要があります。ユーザーにアンケートを実施したり、外部のライターに依頼して記事を書いてもらったりする必要が生じることもあるでしょう。SEOというと小手先のテクニックについて語られがちですが、現在のSEOで結果を出すためには、このようなよいコンテンツ作りのための泥臭い努力が欠かせません。

外部施策のポイント

外部施策についてまとめると、以下の3点に集約できます。

・ユーザーが拡散したくなるような良質なコンテンツを制作する
・良質なコンテンツを露出し、拡散を通じて自然リンクを集める
・サテライトサイトを構築し、自社サイトにリンクする

○ ユーザーが拡散したくなるような良質なコンテンツを制作する

ユーザーがソーシャルメディアで拡散したくなったり、ブログやメディアが参考にしたくなったりするようなコンテンツが、SEOにおいては「良質」なものといえます（図1-10）。この方法は、内部施策の「検索ユーザーに有用なコンテンツを豊富に掲載する」と地続きになっています。「コンテンツSEO」「コンテンツ・イズ・キング（コンテンツが王様）」などの言葉が盛んに唱えられていますが、コンテンツがなければSEOは成立しなくなっています。

■ 図1-10：拡散したくなるコンテンツを制作する

○ 良質なコンテンツを露出し、拡散を通じて自然リンクを集める

　この方法もコンテンツありきの施策です。いくら広告費をかけてコンテンツを露出しても、そのコンテンツ自体が貧弱であればよい結果は望めません。反対に、コンテンツの力さえあれば初期露出が少なくても大きな結果を得られる可能性があります。

　かといって、初期露出がまるでない状態では、どんなによいコンテンツでも自然リンクを得られるまでに長い時間がかかってしまいます。目にしていないコンテンツに対して、ユーザーは反応しようがないのです。あらかじめ公式ソーシャルアカウントを育ててファンやフォロワーを増やしておいたり、広告を投下したりして、初期露出を増やして結果が出るまでの時間を短縮する必要があります（詳細はCHAPTER3以降を参照）。

○ サテライトサイトを構築し、自社サイトにリンクする

　サテライトサイト構築は上級者向けの施策です。サテライトサイトとは衛星（サテライト）のように、本サイトとはテーマを分けた情報サイトなどを構築し、そこからバックリンクを送ったり、サテライトサイトそのもので成果を取りにいったりする施策を指します。

　これは一歩間違えると「自演リンク」としてペナルティの対象となってしまうため、取り組む際には注意が必要です。よほど自信があるか、「他に打ち手がないほど施策をやり尽くした」「自社サイトが諸事情で施策できない」などの場合以外は、手を出さない方が無難でしょう。

CHAPTER 1 | SEOの基礎知識編

06 ホワイトハットSEO／ブラックハットSEOって何?

3行でわかる!
- ☑ 正攻法で順位向上を目指すのがホワイトハットSEO
- ☑ 検索エンジンを「だまして」上位表示を目指すのがブラックハットSEO
- ☑ ブラックハットSEOは割に合わないので手を出すべきでない

🔍 SEOには正攻法と不正な方法がある

○ SEOはズルい?

　SEOと聞くと、「小手先のテクニックで検索上位に表示させようとするズルいテクニックのことでしょう?」というイメージを抱いている人が少なくありません。実際、検索エンジンのアルゴリズムが未熟だった頃には、アルゴリズムの裏をかいて上位表示するテクニックがSEOの主流を占めていた時代もあります。

　しかし、現在ではそうした手法のほとんどが通用しなくなっています。Googleのアルゴリズムが高度になり、不正に検索順位を操作しようという試みをかなりの精度で看破できるようになったためです。

○ ブラックハットSEOは割に合わない

　Googleは、正攻法のSEOを「ホワイトハットSEO」、不正に検索順位を操作しようとするSEOを「ブラックハットSEO」と呼んで区別し、後者に対してはペナルティを科すなどして検索結果が汚染されないようにしています。

　Googleからペナルティを科されると、検索順位が大幅に下落したり、最悪の場合では検索結果にまったく表示されなくなったりします。発覚しやすいうえにリスクが大きいブラックハットSEOは、ほとんどの場合で割に合わないといえます。そのため、本書ではホワイトハット

SEOの手法を解説しています。

🔍 知らずにブラックハットSEOに手を染めないよう注意しよう

○ 過去には有効だった手法がブラックハットSEOに

　ブラックハットSEOの中には、「過去には有効だった」テクニックが多数存在します。古い情報を参照してしまったり、昔の知識を更新していないSEOコンサルタントの助言を受け入れてしまったりしたために、知らず知らずのうちにブラックハットSEOに手を染めてしまい、マイナスの影響を受けているケースが少なくありません。

　そのようなトラブルを避けるために、以下にブラックハットSEOの代表的な手法を紹介します。これらの手法を行わないように、あるいはすでに行っていないか確認してください。

○ コンテンツの自動生成

　コンテンツを水増しするために、プログラムを利用して、自動的にテキストを生成する手法のことです。適当な文章をランダムにつなぎ合わせる「ワードサラダ」といわれる手法が主流でした。このように作られたテキストは、当然のことながら支離滅裂で意味不明なものばかりで、まったく価値がありません。現在でも「文章自動作成ツール」などと題したツールが多数販売されていますが、きちんとした自然文が出力されるツールは皆無ですので、購入してはいけません。

○ 有料リンクの購入や過度な相互リンク

　対価と引き換えにリンクを得ることはGoogleによって禁止されています（図1-11）。リンク販売をうたうサービスは無数にありますが、ペナルティを科されるリスクが高いので避けるべきです。自動生成される相互リンク集などのサービスも人為的なリンク生成と見なされやすいため、登録を避けた方がよいでしょう。広告にリンクが設置される場合には、リンクタグにrel="nofollow"属性を設定して、リンク評価を受け取らないようにしましょう（詳細は「24 似たページがあっても評価を下

げられないようにしたい」を参照)。

■図1-11:対価と引き換えのリンクはNG

○ クローキング

　検索エンジンのクローラー（Webサイトの文書や画像などの情報を収集するプログラム）からアクセスされたときに、ユーザーからアクセスされたときとは異なるコンテンツを表示する手法です。クローラーからアクセスされたときも、ユーザーからアクセスされたときと同じコンテンツを表示してください。

○ 隠しテキストや隠しリンク

　背景と同色のテキストを使うなどして、ユーザーからは普通見えないテキストやリンクを設置する行為です。ユーザーに見られると問題になるようなテキストは、初めから掲載してはいけません。

○ コンテンツの無断複製

　他のサイトや書籍などからコンテンツを無断で複製する行為です。SEO以前に著作権侵害ですし、コピーコンテンツはGoogleから評価されません。必要な引用を行うときには著作権法に定められた引用方法を遵守したうえで、引用箇所をblockquoteタグかqタグで囲みましょう。

○ キーワードの詰め込みすぎ

　数年前まで、「検索上位に表示するためには、ページのテキストに何％以上は狙ったキーワードを含める」といったテクニックがよく議論になっていました。しかし、現在のGoogleのアルゴリズムはそんな単純なテクニックで左右されるほど脆弱ではありませんし、やり過ぎるとスパム行為とみなされやすくなります。掲載するテキストではキーワードの含有率などは意識せず、自然でわかりやすい文章を心がけましょう。

キーワードを詰め込み過ぎている文章の例
中古カメラ買取の○○へようこそ。中古カメラの買取なら当店にお任せください。当店は中古カメラ買取事業に10年以上取り組んでおり、この地域で中古カメラ買取といえば当店と言われるほどです。中古カメラの買取価格も他店より高額で、中古カメラの買取を検討中ならぜひ当店に中古カメラ買取の見積りをご依頼ください。

CHAPTER 1 | SEOの基礎知識編

07 ペンギンアップデート／パンダアップデートって何？

3行でわかる！
- ☑ 検索順位を不正操作するスパム行為をなくすためにGoogleが導入したアルゴリズム
- ☑ ペンギンアップデートは不正なリンクを無効化したり、ペナルティをかけたりする
- ☑ パンダアップデートは内容の薄いコンテンツやコピーコンテンツが対象

🔍 2つのアップデートが行われた背景

○目的は検索結果の健全化

　SEOに関心を持って調べたことのある人や、SEO会社に営業提案をされたことのある人なら、「ペンギンアップデート」や「パンダアップデート」という単語を耳にした経験があるのではないでしょうか。これらのアップデートは、Googleが順位を不正に操作しようとしてきたSEO会社や事業者にダメージを与え、検索結果を健全にするために導入されたアルゴリズムです。「ペンギン」「パンダ」という名称には、「氾濫するスパム行為に白黒つけてやるぜ！」というGoogleの意志が込められているのだそうです。

○不正なサイトやSEO業者の減少に効果あり

　これらのアップデートが実施されたときには、それまで不正に手を染めていた多くのサイトが順位下落に見舞われたり、検索エンジンに表示されなくなったりと、強烈な影響が生じました。それまで安泰と見られていた、一流企業が運営する大手サイトが大幅に順位を落とす例もいくつか発生したため、「ブラックハットSEOはリスクが高く、リターンに見合わない」という認識が広まるきっかけにもなりました。

　余談ですが、これらのアップデートを経て多くのSEO会社が倒産や業界転換を行いました。「ツールを使ってリンクを量産し外部リンクを

増やすだけ」「中身のないページを量産してサイトのページ数を増やす」といった手法が通用しなくなったためです。きちんと内部施策やコンテンツの提案ができない質の低いSEO会社は徐々に減ってきています(まだゼロではありませんが……)。

ペンギンアップデートとは

○ 不正なリンクを検知する

　ペンギンアップデートは不正なリンクを検知し、評価を無効にしたり、悪質であればペナルティを与えたりするアルゴリズムです。2012年4月に初回のアップデートが行われ、その後も継続して更新されています。

○ 不正なリンクとは何か

　ペンギンアップデートが対象とする不正なリンクの例を挙げましょう。

- 量産した無料ブログやサイトからのリンク
- 関係のないサイトとの過剰な相互リンク
- 有料で購入したリンク
- 報酬と引き換えにブロガーにリンク入りの記事を書かせる

　挙げだすとキリがないですが、要するに「そこにリンクがあってもユーザーにメリットがなく、誰もクリックしないようなリンク」と、「対価と引き換えにもらったリンク」が対象になると考えればよいです。
　しかし、広告の場合はリンクがなければそもそも成り立たないことが多いでしょう。そんなときは、リンク先に評価が渡らないようリンクタグに「rel="nofollow"」という属性をつければ問題ありません(詳細は「24 似たページがあっても評価を下げられないようにしたい」を参照)。
　なお、ペンギンアップデートでペナルティを受けてしまった際の解除方法は「57 ペナルティを解除したい①」を参照してください。

> **Column** クレジット表記を徹底しよう
>
> SEOとは直接関係のない話題ではありますが、対価と引き換えに書かれた記事には「PR」などのクレジット表記を徹底しましょう。ノンクレジット広告は消費者をだます「ステマ（ステルスマーケティング）」としてネットユーザーに大変嫌われており、露見すれば炎上やブランドの失墜を招きかねません。「ネイティブ広告」や「エディトリアル」と称してこうした広告商品が売られているのをしばしば目にしますが、手を出さないことをおすすめします。

パンダアップデートとは

○ 低品質なコンテンツが対象

パンダアップデートはコンテンツの品質を評価し、低品質と判断すると評価を落としたり、ペナルティを与えたりするアルゴリズムです。日本では2012年7月に導入されました。こちらもペンギンアップデート同様、現在まで継続して更新が行われています。

○ 低品質なコンテンツとは何か

パンダアップデートが「低品質」と判断するのは下記のようなページです。

- 他サイトと内容が重複している（オリジナリティが低い）
- 内容が乏しく、薄っぺらい
- 文章の一部分を変更しただけのページがいくつもある

具体的に例を挙げると、「Wikipediaからコピーして語順や"てにをは"を変えただけ」「クロールした情報をまとめて転載しているだけ」「地名を変更しただけ」などのコンテンツが対象となります。要するに、「他サイトからのパクリ」や「ユーザーが読んで損したと感じるようなページ」でサイトを水増ししてはいけないということです。

地名だけを変更したテキストの例
東京都の宅配クリーニングなら●●クリーニングにおまかせ！東京都内全域に対応。24時間オンラインでいつでもお申込みいただけ、ご自宅まで集荷に伺います。東京都内で激安・迅速な宅配クリーニングをお探しならお気軽にお申込みください。

神奈川県の宅配クリーニングなら●●クリーニングにおまかせ！神奈川県内全域に対応。24時間オンラインでいつでもお申込みいただけ、ご自宅まで集荷に伺います。神奈川県内で激安・迅速な宅配クリーニングをお探しならお気軽にお申込みください。

　なお、パンダアップデートでペナルティを受けてしまった際の解除方法は「58 ペナルティを解除したい②「低品質なコンテンツの場合」を参照してください。

CHAPTER 1 | SEOの基礎知識編

08 SEO／リスティング／アフィリエイトのどれから取り組むべき？

> **3行でわかる！**
> - ☑ それぞれ長所と短所があり、状況に応じて選択する
> - ☑ 中長期のパフォーマンスを重視するならSEO
> - ☑ 短期のパフォーマンスを重視するならリスティングやアフィリエイト

🔍 インターネット集客で主要な3つの手法

インターネット集客における主要な手法として、SEO、リスティング、アフィリエイトの3つが挙げられます。もちろん、すべてをバランスよく実施すれば最も効果的な集客を実現できますが、予算やリソースの都合で難しいケースも多いでしょう。インターネット集客に取り組む際には、それぞれの特性を見極めて、最適なものを選択する必要があります。

🔍 SEOが向いている状況

SEOは、基本的にじっくりと腰を据えて行う施策です。中長期にわたって事業を継続することが決定しており、急激な成果の拡大が必須ではない状況での実施が望ましいです。最低でも半年、できれば1年程度をかけて成果を出すことを目指しましょう。

しかし、自社サイトが数百ページ以上のボリュームにもかかわらず、わずかな検索流入しかない場合には、ちょっとした修正で一気にアクセス数が改善する可能性があります。本書付録のチェックリストを確認し、わずかな工数で対応できる施策がないか確認してみましょう。

リスティング広告とは

○検索エンジンに連動する

リスティング広告は「検索エンジン連動広告」とも呼ばれ、その名の通り、関連したキーワードで検索したユーザー向けに配信できる広告です。出稿先は主にYahoo!検索かGoogle検索になるでしょう。クリックごとに課金され、クリック単価は入札によって決定されます(図1-12)。

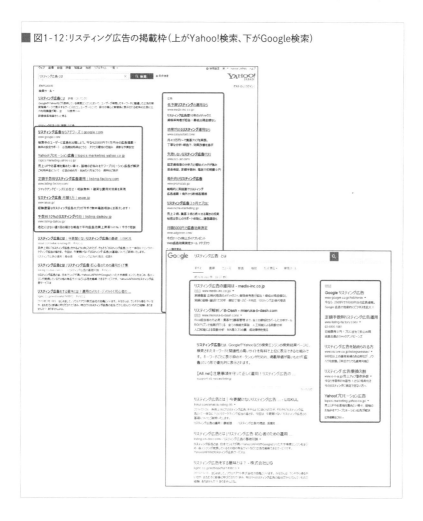

図1-12:リスティング広告の掲載枠(上がYahoo!検索、下がGoogle検索)

リスティング広告の特徴

リスティング広告の特徴をまとめると以下の通りです(表1-2)。

■ 表1-2:リスティング広告の特徴

長所	短所
・初期費用が不要 ・予算次第ですぐに検索結果の1ページ目に表示できる ・狙ったキーワードで出稿できるため、成約率が高い ・クリックごとの課金のため、予算を調整しやすい	・入札制のため、成約しやすいキーワードは単価が高騰しやすい ・出稿中の期間しか表示されず、サイトに資産がたまらない

これらの特徴から、リスティングは「すぐにでも売上が欲しいとき」や「テストマーケティングを実施したいとき」に向いています。

アフィリエイト広告とは

成果報酬型の広告

アフィリエイト広告とは、商品購入や資料請求などの成果が発生した時点で支払いが発生する広告形態です。アフィリエイト広告に出稿する際はASP(アフィリエイト・サービス・プロバイダ)と呼ばれる仲介会社を通すのが一般的です。ASPでは「A8ネット」や「バリューコマース」が有名です。ASPには多数のアフィリエイター(自分のサイトに広告を掲載したい人)が登録しており、自分が取り扱いたい案件を見つけて広告を掲載します。

アフィリエイト広告の特徴

アフィリエイト広告の特徴をまとめると以下の通りです(表1-3)。

■ 表1-3:アフィリエイト広告の特徴

長所	短所
・成果に応じて報酬を支払うため、赤字になりにくい ・競合よりも有利な条件を出せれば、一気に大量の成果を得られることもある	・ASPへの登録に初期費用がかかることが多い ・導入時に成果測定のためのタグ設置が必要 ・成果報酬額が低い商材や、成果発生のハードルが高い商材はアフィリエイターに選ばれにくい ・ニッチすぎる商材もアフィリエイターに選ばれにくい(商材にマッチする運営サイトを持つアフィリエイターが少ないため)

　これらの特徴から、アフィリエイト広告は高単価で粗利の大きい商材や、成果発生のハードルが低い商材(無料会員登録や問い合わせなど)に向いています。そうした条件が満たせるのなら、SEOやリスティングよりも早く成果を出すこともできるでしょう。

CHAPTER 1 | SEOの基礎知識編

09 どんなビジネスでもSEOは効果的？
（ビジネスの形態による向きと不向き）

3行でわかる！
- ☑ SEOには、向いているビジネスと向いていないビジネスがある
- ☑ 一般的に「商圏が広い」「検討期間が長い」ビジネスはSEO向き
- ☑ 反対に「商圏が狭い」「検討期間が短い」ビジネスはSEOに向かないことが多い

🔍 SEOは万能ではない

　SEOはあらゆるビジネスに効果的なマーケティング手段とはいえません。SEOコンサルティングの仕事をしていると、様々な業種・業界の方からSEOの相談をされます。利益を優先するのであれば、どんな相談に対しても提案をした方がよいのでしょうが、あとから「ぜんぜん成果が出ないじゃないか！」と怒られるのが嫌なので、SEOで成果を返すのが難しそうな案件については、初めからその旨を説明してお断りしています。

　いろいろな場面で当たり前に検索サービスが利用される世の中になってはいますが、それでもSEOは万能のマーケティング手段ではないのです。

🔍 SEOの向きと不向き① 商圏の広さ

○ 商圏が広いほどSEO向き

　SEOの優れた点は、検索サービスが利用できる（≒インターネットがつながっている）場所であれば、距離に関係なくアプローチできるところです。商圏が広くなると潜在的な母数となる人口が増えるので、その範囲が広ければ広いほどSEOは威力を発揮しやすくなります。

○商圏が狭いとSEOに向かない

　反対に、商圏が狭いビジネスはSEOにあまり向いていません。たとえば、特にこれといって特徴のない、商店街のお肉屋さんにSEOで集客をかけるのは効率的ではありません。お肉屋さんの商圏は徒歩圏内と考えられますが、夕飯用の食材を買いに行くだけのときに、わざわざ検索してお店を調べたりはしませんよね。

　とはいえ、最低限の対策は行っておいた方がよいでしょう。商圏外からやってきた人に場所を知らせたり、安心感を持ってもらったりするために、「Google Mapに表示されるようGoogleマイビジネスに登録する(※)」「屋号で検索されたときに見てもらえるよう自社サイトだけは作っておく」などの施策は有効です。

※詳細は「45 実店舗への集客を増やしたい（ローカルSEO）」を参照してください

🔍 SEOの向きと不向き②　検討期間の長さ

○検討期間が長いものはSEO向き

　SEOに向いているかどうかは、商材の検討期間の長さにも関係します。検討期間が長い商品、とりあえずノートパソコンを例に考えてみましょう。

　最近では格安商品も出てきましたが、ノートパソコンは数万円以上する高額商品で、かつ購入後は数年にわたって使用します。そのため、消費者はなるべく失敗しないよう購入前の下調べを入念に行うでしょう。まずは通販サイトなどでおおよその相場観をつかみ、予算を決めたらその中で買える商品同士を比較して、口コミや評判も調べ、商品を決めたら一番お得に買えるお店を探す……そんな探し方をするのではないでしょうか。

　この過程で頻繁に利用されるのが検索サービスです。検討の過程で、「ノートパソコン×おすすめ」「商品名A×口コミ」「商品名B×口コミ」「商品名B×激安×即納」などのキーワードで検索を繰り返しているイメージが湧きます。このように、検討期間が長い商材は検索を通じて接触する確率が高いので、SEOと相性がよいのです。

◉ 検討期間が短いものはSEOに向かない

　一方で、キャベツやトイレットペーパーなどの最寄り品はどうでしょうか。チラシで特価品をチェックするくらいのことはしても、何日も前から検索して激安品を探したり、品質を吟味したりする人は滅多にいません。このように、検討期間の短い商材は検索サービスを通じて情報を探そうとしている人が少ないため、SEOに向いていないのです。

　SEO施策を検討するときは、初めに自社の商材はSEOに向いているものなのか、そうでないのか見極めるようにしましょう（図1-13）。

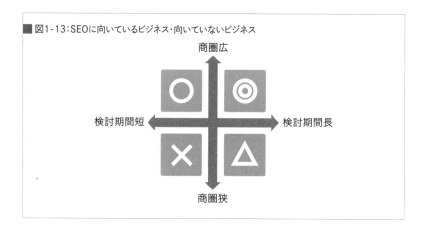

■図1-13：SEOに向いているビジネス・向いていないビジネス

CHAPTER 1 | SEOの基礎知識編

10 ソーシャルメディアや無料ブログを自社サイト代わりにしても大丈夫?

3行でわかる!
- ☑ サービス運営会社の機能や都合に振り回されてしまう
- ☑ 最悪の場合、サービス自体が終了してしまうことも
- ☑ リスク分散のためにも、自前のサイトを1つは持つべき

🔍 ソーシャルメディアや無料ブログは簡単で便利だが……

　Facebookページやアメーバブログ、ライブドアブログなどの無料サービスを、自社サイトの代わりにしている企業をしばしば見かけます。これらのサービスはお金がかかりませんし、一般ユーザーの利用を想定して作られているため操作方法も簡単です。ネット集客にそれほど力を入れるつもりがなければ、とりあえず十分だと思っている人は多いのかもしれません。

🔍 デメリットやリスクが多い

○デメリットやリスクの例
　率直に言って、この方法はおすすめできません。なぜなら、以下のようなデメリットやリスクがあるためです。

- ・機能が制限され、思うようなカスタマイズができない
- ・仕様変更により、前提としていた環境が根本から変わってしまうことがある
- ・規約や運営方針の変更で利用が続けられなくなることがある
- ・ユーザーからの嫌がらせなどで通報され、アカウントが凍結・削除されることがある
- ・サービスが廃れたり、最悪の場合は終了したりすることもある

○思うようなサイトにならない

　上に挙げた1つ目は、それぞれのサービスを利用したことのある人ならわかるでしょう。ソーシャルメディアや無料ブログで可能なカスタマイズは、あくまでも機能提供されている範囲までです。SEOに関わるカスタマイズに限らず、機能面で何か修正を加えたくなっても、思うようにならないことが多いです(図1-14)。

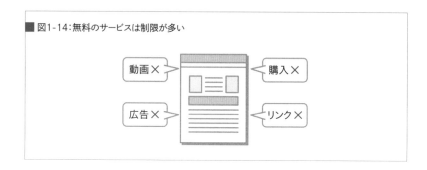

■図1-14：無料のサービスは制限が多い

○仕様変更が致命傷になることも

　2番目以降に挙げた項目は、「さすがにそれは考えすぎだろう」と思われるかもしれません。しかし、どれも実際に起きたことのあるリスクです。

　たとえば、Facebookページは当初、中小ビジネスのオーナーと顧客とが無料でつながることができ、交流を通じてファンを増やしていけるというコンセプトでした。しかし仕様変更が繰り返された現在、Facebookページへの投稿は、広告なしではファンのウォールにほとんど表示されません。利用自体は確かに無料ですが、活用するのであれば広告費がほぼ必須の状況に変わっています。Facebookページからの集客に頼っていたオーナーはたまらないでしょう。

○最低1つは自前のサイトを持とう

　上記のような事態を念頭に置くならば、リスク分散のために、完全に自分でコントロールできるサイトを最低1つは持っておくべきです。独自ドメイン・レンタルサーバーを契約しても、安いものなら年間で1万数千円程度の維持費です。

CHAPTER 1 | SEOの基礎知識編

11 一度SEO施策が完了したら、あとは放っておいてもいい？

> **3行でわかる！**
> - ☑ 放置はダメ。放っておけばいつか順位は下がる
> - ☑ 競合も日々対策をしているうえ、検索エンジンのアルゴリズムも変化する
> - ☑ 一度順位が上がっても、競合に追いつかれないよう施策を継続する必要がある

🔍 コンテンツの提供を継続する必要がある

　よく誤解を受けますが、SEOは一度対策をしてしまえば完結する施策ではありません。こうした誤解が生まれる原因は、「SEO対策済みホームページテンプレート」や「SEO対策つきサイト制作サービス」などが販売されているせいなのではないかと思っています。そんな風に書かれていたら、「これで自社サイトを作ったからSEOはもう大丈夫！」と誤解しても不思議はありません。

　確かに、きちんとSEOが意識されたサイトを構築すれば、テクニカルな部分での修正は少なくなります。しかし、これまで述べてきたように、SEOで重要になるのはテクニカルな対応以上に「コンテンツ」です。ジャンルによって賞味期限は異なりますが、コンテンツはいずれ古くなり鮮度が失われます。常に良質なコンテンツを提供するためには、継続的な運用・改善が欠かせません。

🔍 検索エンジンの進化に対応する

　検索エンジンのアルゴリズムも日々進化しています。「検索ユーザーの満足度を向上させるため」にアルゴリズムを磨いていく方向性に変化はないと思われますが、新しい技術の登場に対応してルールが代わる可能性は常にあります。最近でもスマートフォンの普及によって変化があ

りました。PCの検索結果とは別に、スマートフォン専用の検索結果を用意するようになり、スマートフォンに最適化していないサイトが不利になっているのです(具体的なスマートフォン対策については、「 スマートフォン向けのSEO対策を知りたい」を参照)。

自社サイトだけの話ではない

　また、よほどニッチな業界でなければ、競合の動きも気にする必要があるでしょう。ある時点でどれだけ優れたコンテンツを提供し、検索上位に入っていたとしても、競合にそれを超える施策を打たれたら優位性を失います。当然のことですが、ビジネスには常に競争相手がいることを忘れてはいけません。

CHAPTER 1 | SEOの基礎知識編

12 「ソーシャルメディアからのリンクは効果がない」って本当?

> **3行でわかる!**
> - ☑ Googleは否定しているが、効果がある可能性が高い
> - ☑ 直接効果がなくても、ソーシャルメディアで支持を得られるコンテンツは重要
> - ☑ ソーシャルメディアを意識すれば、おのずとサイトの質が上がる

🔍 ソーシャルメディアにSEO的な価値はないのか

　ソーシャルメディアの利用者が増えてきたことで、ソーシャルメディアを活用したWebマーケティングが注目を集めています。古くは「口コミ・マーケティング」と呼ばれていましたが、最近では「バズ・マーケティング」や「バイラル・マーケテイング」と呼ばれています。ソーシャルメディア上で大きな話題を呼ぶと爆発的な流入を生み出します。情報が伝播しやすいソーシャルメディアならではの現象といえるでしょう。

　Twitterでの言及や、Facebookでシェア、コメント、「いいね！」されることをSEO業界では「ソーシャルシグナル」と呼んでいます。どれだけの人がそのコンテンツに注目をしているのか一目瞭然なので、SEOにも多大な影響を及ぼすのではと、一時期注目を浴びました。

　それに冷水を浴びせたのがGoogleの声明です。「ソーシャルシグナルはSEOには効果がない」と繰り返し明言したことで、直接的には効果がないと理解する人が増えたように感じています。

🔍 実質的には効果があると考えるべき

　筆者の経験則からいえば、ソーシャルシグナルは検索順位に影響していると考えた方が腑に落ちます。TwitterやFacebookでの言及が多い期間に順位を上げ、その後も中長期的に順位が向上しているケースが多

いからです。ソーシャルシグナルを直接読み取っているのか、あるいはそこから発生する副次的な効果（閲覧者の増加や滞在時間の向上、連携サイトからのリンク増など）が影響しているのかはわかりません。ですが、Googleが検索順位に影響していないと言ったからといって、そのまま鵜呑みにしてしまうには疑問が残ります。

　また、ソーシャルメディア上で言及されるためには、ユーザーに支持してもらえるコンテンツが欠かせません。ソーシャルシグナルを得られそうなコンテンツ作りを意識することで、サイトの品質は間違いなく向上します。

　ソーシャルシグナルを得る方法については、目的に合わせて下記を参照してください。

33 Facebook広告を出したい
34 Facebookでシェアされたときに目立たせたい
35 Twitterでシェアされたときに目立たせたい
48 バズマーケティングについて知りたい

CHAPTER 1 | SEOの基礎知識編

13 SEO対策を始める前に知っておきたい大前提

> 3行でわかる！
> - ☑ ユーザーが使いやすく、検索エンジンに理解されやすいサイト構造にする
> - ☑ コンテンツの質と量を増やす
> - ☑ 外部からのリンクを増やす

🔍 SEO対策で行うことは原則として3つ

○ 検索エンジンの進化により単純化している

「SEO対策」と聞くと、何か無数のテクニックを駆使する特別な技法だとイメージされがちですが、実は現在のSEO施策は、それほど複雑ではありません。検索エンジンが進化したことで、Webページに書かれていることが何なのか、Googleがよく認識してくれるようになったためです。

○ 3つの対策

SEO対策として行うべきことは3点に集約できます。

- ・ユーザーが使いやすく、検索エンジンに理解されやすいサイト構造にする
- ・コンテンツの質を上げ、量を増やす
- ・外部からのリンクを増やす

ユーザーが使いやすいサイトとは

「ユーザーにとって使いやすい」というのは、理解しやすいと思います。コンテンツが整理されていて、ナビゲーションが適切で、サイトの中で迷いにくい。読み込み速度もスムーズで、使っていてストレスのないサイトのことです。

反対に、ファーストビュー（Webページを開いたときに最初に表示される領域）が広告やRSSフィードで埋め尽くされていたり、読み込みが異常に遅かったりするサイトは使いにくいですよね（図1-15）。そうしたサイトは、Googleから低い評価を受けやすくなっています。

■図1-15：ユーザーが使いにくいサイトの例

検索エンジンに理解されやすいサイトとは

○ 検索エンジンが認識できないもの

「検索エンジンに理解されやすい構造」とはどんなものでしょうか。前述の通り、Googleは「Googlebot」と呼ばれるロボットを使ってWebサイトを巡回し、アルゴリズムにしたがって、自動的に各Webページの評価を定めています。アルゴリズムがかなり優秀になったとはいえ、100%人間のようにWebサイトを認識はできません。

たとえば、Googleは「画像で表されたテキスト」をうまく文字として認識できませんし、「イラストが上手か下手か」を判断できません。そのため、デザイン重視でサイトを作った場合、人間の目からはとてもきれいでわかりやすいサイトになったけれど、Googleのロボットにとっては「画像だらけでテキストが少なく、何について述べられているのかわからないサイト」になってしまうという事態がしばしば起こります（図1-16）。

■ 図1-16：検索エンジンはデザイン性の評価が苦手

Googleにとってはどちらも「絵」

◎ HTMLを適切に使う

また、不適切なHTMLが使われている場合も、Googleの正しい評価を得られません。HTMLはWebページの文書構造を表すためのマークアップ言語(※)で、一つ一つのタグに意味があります。

たとえば、引用を意味する「blockquoteタグ」を装飾のために使ってしまうようなことをすると、オリジナルの内容を書いているのに「この文書はオリジナルではなく、どこかからのコピーだ」という誤ったシグナルをGoogleに対して発してしまうのです(図1-17)。

100点満点の正しいHTMLにする必要はありませんが、最低限のルールを守らないと、どれだけ良質なコンテンツを作ってもアクセス数が増えないという悩みに陥ってしまうことがあります。

HTMLの記述でどんな点に気をつければよいかは、CHAPTER2の[20]以降で詳しく紹介しているので、正しいマークアップができているか不安な人はそちらを確認してください。

※マークアップ言語とは、タグと呼ばれる文字の印を使うことで、段落や装飾の情報を文章内に記載する方式のことです。

■ 図1-17:タグは正しく使おう

コンテンツの質を上げる

○ コンテンツはユーザーの「問い」に対する「答え」

「コンテンツ」とは、Webページの内容のことです。Googleは、検索エンジンを使って情報を探しているユーザーの満足度を上げるために、より検索キーワードにマッチした、詳細でわかりやすいコンテンツを含むWebページを検索結果の上位に表示させようとしています。検索エンジンを使うとき、ユーザーは何かしらの「答え」を求めて「問い」を発しているといえます。その「問い」に対して、より明快で正しい「答え」を掲載していると思われるページを上位にするのです。

○ 質はテキストの内容で判断される

画像や動画、音声などもコンテンツですが、SEOにおいてもっとも重要なコンテンツは「テキスト」です。Googleのアルゴリズムは、画像や動画の意味する内容を理解するところまでは進化していません。そのため、Webページの内容や品質を判断する要素として、テキストに多くの部分を依存しているのです。逆に考えると、オリジナルのテキストがほとんどないページは、Googleから低品質だと判断されやすくなります。

つまり、Googleにコンテンツの「質」が高いと判断されるWebページは、ある検索キーワードから予想されるユーザーの「問い」に対して、テキストで適切な「答え」を掲載しているWebページとなります。

コンテンツの量を増やす

○ 量とはページ数のこと

コンテンツの「量」とは、サイト内のページ数のことです。ただし、単純にページ数を増やそうとして、中身のないページや似たようなページ、サイトのテーマと関係のないページを量産しても、高い評価は得られません。むしろ、そうした低品質なページがサイト内にたくさん含まれていると、「品質の低いページをたくさん含んでいる、全体的に品質の低い

サイト」とGoogleから判断されて、かえって評価を落としてしまいます。

🔍 SEOの強さは軍隊の強さのようなもの

　WebサイトのSEO的な強さは、軍隊にたとえるとわかりやすいかもしれません。コンテンツの「質」は一人一人の兵士の強さです。「量」は兵士の数にあたります。強い兵士がたくさん集まれば、軍隊全体も強くなります。しかし、極端に弱い兵士が混じっていると、足を引っ張って軍隊全体が弱くなってしまうこともあるのです（図1-18）。

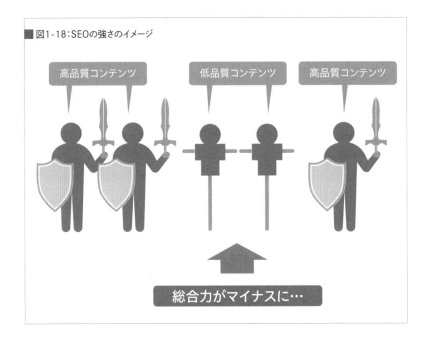

■図1-18：SEOの強さのイメージ

🔍 外部からのリンクを増やす

○ Googleのアルゴリズムの由来

　Googleのアルゴリズムは、「引用される回数の多い論文ほど高い評価を受ける」という「論文評価のしくみ」を応用したところから出発して

います。「引用」を「リンク」に置き換えて、ほかのWebサイトからたくさんリンクを集めているサイトやページほど、評価を高くするようにしたのです。

○ペンギンアップデートの衝撃

　しかし、これだけでは不十分でした。アルゴリズムの裏をかいて、自作自演でリンクを量産する悪質な「SEOスパマー」が出現したのです。その対策のために、Googleは単純にリンクの数を評価するのではなく、リンク元のサイトや、リンクの張られ方もチェックして、不自然なリンクに対しては評価に加えなかったり、ペナルティを与えたりするようになりました。このGoogleによる対策を「ペンギンアップデート」（前述）といいます。

　ペンギンアップデート以降、自作自演でリンクを増やす行為は、リターンよりもリスクの方が大きいと考える人が増えました。その時期、Googleもさかんにコンテンツ重視の方針をアナウンスしていたため、「外部リンク主体のSEOは終わった」と唱える風潮が高まっているのは、前述の通りです。

○リンクの比重はいまも高い

　しかし、検索順位を決定するアルゴリズムにおいて、リンクが占める比重はいまでも高いままです。「自作自演でリンクを増やす」のではなく、「自然なリンクを増やす」ための施策が求められているのです。自然リンクを増やすためには、「言及や参照をしたくなるコンテンツ作り」や、「ソーシャルメディアや広告を使った初期露出」などの工夫が必要になります。自然な外部リンクを増やすための施策については、「46 コンテンツマーケティング／コンテンツSEOについて知りたい」などで詳しく解説します。

Column 長文記事がSEOに強いというのは本当か?

Googleのコンテンツ重視路線を受けて、「数千字以上の長文コンテンツがSEOに強い」という説を耳にする機会が増えました。最初に答えを述べてしまうと、長文コンテンツが検索上位になりやすいという傾向は、事実です。

しかし、Googleが単純に文字数の多さだけを見て評価を上げるなどという、安直なアルゴリズムを組んでいるとは考えにくいです。実際、冗長にしただけで中身の薄いままでは、いくら長文にしても評価の向上は望めません。

そもそもどんな事柄でも、わかりやすく詳細に説明しようとすれば、自然と文字数が増えるものです。そのように記事を書くと、「共起語」といわれる「あるキーワードについて語るときに出現しやすい言葉」がたくさん含まれるようになります。共起語をふんだんに含んでいる記事は、「そのキーワードについて深く説明しているのだろう」とGoogleに判断されやすくなるのです。

また、長文記事はソーシャルメディアやソーシャルブックマークでシェアされやすい傾向があります。一度に読みきれなかったユーザーがブックマーク代わりにシェアをしたり、長文を最後まで読んだことをアピールしたくてシェアをしたりするためです。ソーシャルメディアでのシェアを通じて被リンクが増え、ページの評価が上がるわけですね。

「長文がSEOに強い」という情報があると、つい「○千字以上のコンテンツを作ろう!」と文字数を目標にしてしまい、冗長でわかりづらいコンテンツに仕上がりがちです。そうではなく、「ある事柄についてわかりやすく詳細に書いたら、結果的に○千字の長文になった」というアプローチが健全です。

どうしても文字数を目標にせざるを得ない場合には、テーマや内容を工夫して冗長にならないよう、豊富な情報を盛り込んでください。

CHAPTER 2
手軽な対策編

CHAPTER 2 | 手軽な対策編

14 ターゲットキーワードの選び方を知りたい

3行でわかる！
- ☑ 想定顧客がどんなキーワードで検索するかを徹底的にイメージする
- ☑ 関連キーワードやQAサイトを調べ、ターゲットキーワードを拡げる
- ☑ キーワード取得ツールで検索ボリュームをチェックする

🔍 ターゲットキーワードとは

○ 集客するときに最初に行うこと

SEOでの集客を行うときに、一番初めに行うのがターゲットキーワードの選定です。流入して欲しいユーザーがどんなキーワードを使うのかを考える工程で、SEO施策を組み立てる際の軸になる部分です。

○ 選定の考え方の例

たとえば、古着販売の通販サイトを運営しているとします。そんなとき、訪問して欲しいユーザーはどんな人でしょうか。言うまでもなく、古着を買いたいと思っている人です。では、そのようなユーザーは、どういったキーワードで検索をしているでしょうか。おそらく、「古着×通販」や「古着×通販×安い」「ラルフローレン×古着」など、古着に関係したキーワードで検索をしているでしょう。

関連するキーワードで流入してくるユーザーは購買意欲も高く、成約に至る可能性が高いです。

○ やみくもに検索ボリュームを狙わない

単純に検索ボリュームが多そうだという理由から、芸能人の名前や、映画のタイトルをターゲットキーワードにしてしまったらどうなるでしょうか。確かにアクセス数は多くなるかもしれませんが、ニーズがマッ

チしていないユーザーばかりアクセスしてくるので、成約率が低くなります。無関係なユーザーをいくら集客しても、ビジネスのゴールには一向に届きません。

○ キーワードの選定に失敗しているサイトは意外と多い

ターゲットキーワードが意識できていなかったり、ズレてしまっていたりするサイトは少なくありません。心当たりがある方は、この節を読んで改めてターゲットキーワードを考えてみてください。

想定顧客が検索するであろうキーワードをイメージする

検索キーワードを選ぶ際は、まず自分がユーザーになったつもりで検索しようと考えてみるところから始めます。これは、普段検索サービスを利用している人なら、それほど難しくはないでしょう。自社の商材を欲しているユーザーが、そのタイミングで困っていること、疑問に思っているキーワードを想像してください。周りの人に聞いてみたり、既存顧客にどんなキーワードで検索したのかをヒアリングしたりするのも有効です。

成約に至りやすいキーワードとしては、以下のようなものが代表的です。

- 関連するキーワードと「地域名」を掛け合わせたもの
- 取扱い製品の「ブランド名」
- 「激安」「安い」「送料無料」などの価格訴求
- 「口コミ」「評判」のようなユーザーの生の声を探すもの

キーワードを「拡げる」

○ サジェストキーワードを調べる

イメージしてある程度キーワードの候補が出せたら、Googleのサジェストキーワードを取得できるツールや、「Yahoo!知恵袋」などのQAサイト上で検索をして、キーワードを「拡げ」ます。

サジェストキーワードとは、ある検索キーワードを入力した際に、検索ユーザーが組み合わせて検索することが多いキーワードをおすすめしてくれる機能です（図2-1）。

■ 図2-1：「古着」で検索した際に表示されるサジェストキーワード

```
古着に関連する検索キーワード

ブランド 古着      レモンティー 古着
吉祥寺 古着屋     フラワー 古着
カインド 古着      カンフル 古着
オキドキ古着       サンタモニカ 古着
古着 寄付         リンカン 古着


           Goooooooogle  ›
              1 2 3 4 5 6 7 8 9   次へ
```

○ QAサイトを参考にする

QAサイトでは、一般のユーザー同士が疑問に思ったことや不安に思っていることが何なのか、生の声を拾い上げられます。検索キーワードだけではわからない背景や、商売目線では気がつきにくい、素朴な疑問を確認できます。

図2-2は「Yahoo! 知恵袋」で「古着」を検索してヒットした質問の1つですが、自分が古着に関連するビジネスに従事していた場合、「古着を買ったり、着たりするのは恥ずかしい」と不安に思っているユーザーがいることには気がつきにくいものです。こうした気づきから、「古着はエコで、かえってオシャレなもの」「新品同様にクリーニングして提供している」といったメッセージを打ち出してみてはどうか、といった切り口を発想できます。

■図2-2:「Yahoo!知恵袋」で「古着」を検索してヒットした質問の例

○ キーワードを拡げるときに便利なツール

サジェストキーワードやQAサイトの検索結果は、「関連キーワード取得ツール(仮名・β版)」を使うと一括で取得できます。このツールでは、「Googleのサジェストキーワード」「Yahoo!知恵袋」「教えて！goo」の関連質問を一度に調べられるので便利です(図2-3)。

関連キーワード取得ツール(仮名・β版)
URL http://www.related-keywords.com/

■図2-3:関連キーワード取得ツール(仮名・β版)

🔍 流入キーワードや成約に至っているキーワードを確認する

　すでにサイトを開設している場合には、過去に流入が多かった検索キーワードや、成約に至った検索キーワードもチェックしましょう。「Google Analytics」というアクセス解析ツールさえ導入していれば、これらは簡単に調べられます。Google Analyticsの活用方法については、「26 アクセス解析したい（Google Analyticsを活用する）」などで解説しています。

🔍 ライバルサイトを分析する

○ 同業他社をチェックする

　ライバルサイトの検索に使われていそうなキーワードを分析すると、よいヒントを得られます。同業他社の中で、SEO施策がうまくいっているサイトを重点的にチェックしましょう。まずは、メインのターゲットキーワードで検索順位が上位に表示されているサイトを参考にしてみてください。

○ アフィリエイトサイトをチェックする

　アフィリエイトが盛んなジャンルでは、アフィリエイターが強力なサイトを作っている場合もあります。そうしたサイトは、メインのキーワードと、「比較」「ランキング」「口コミ」「評判」のような言葉を組み合わせて検索してください。これらのキーワードはアフィリエイターがよく狙うキーワードなので、上位のサイトは多くのコンバージョンが発生している可能性が高いです。

　なお、ライバルサイトの分析方法については「36 競合分析をしたい」で詳しく紹介しています。

CHAPTER 2 | 手軽な対策編

15 キーワードの検索ボリュームをチェックしたい

> 3行でわかる！
> ☑ Googleの「キーワードプランナー」を活用する
> ☑ 競合性の高いキーワードも積極的に狙う
> ☑ 検索ボリュームが小さいと精度が低いので注意

🔍 キーワードプランナーを活用する

　Googleが「Google AdWords」の付属機能として提供をしているのが、「キーワードプランナー」です。Google AdWordsのアカウントを開設しないと利用できませんが、開設自体は無料で行えるので安心してください。Googleのアカウント（Android端末やGメールなどのGoogleサービス利用時に登録したもの）があれば、すぐに利用できます（図2-4）。

Google AdWords
URL https://adwords.google.com

■ 図2-4：Google Adwords

「今すぐ開始」をクリックすると、アカウントを作成できる

キーワードプランナーの操作方法

操作手順は以下の通りです（Google AdWordsのアカウントを開設したら使えるようになります）。

1 キーワードプランナーにアクセスする

Google AdWordsにログインし、上部のメニューにある「運用ツール」から「キーワードプランナー」を選択します。

2 キーワードを指定する

「検索ボリュームと傾向を取得」を開き、キーワードを入力して「検索ボリュームを取得」をクリックします。

3 データをダウンロードする

「ダウンロード」をクリックし、「Excel用CSV」を選択してダウンロードしてください。

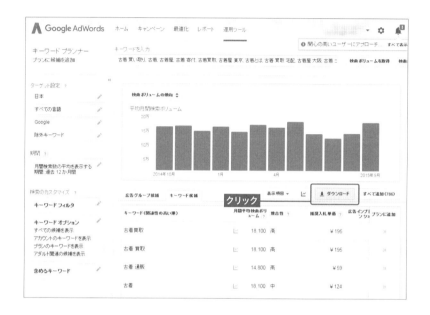

4 CSVファイルを確認する

下記のようなCSVファイルが取得できます(画像はExcelで開いた場合)。

Ad group	Keyword	Currency	Avg. Monthly Searches (exact match only)	Competition	Suggested bid
Keyword Ideas	古着 買取	JPY	18100	0.95	195
Keyword Ideas	古着 買取	JPY	18100	0.95	195
Keyword Ideas	古着 通販	JPY	14800	0.91	59
Keyword Ideas	古着	JPY	18100	0.4	124
Keyword Ideas	古着屋	JPY	12100	0.32	69
Keyword Ideas	古着 寄付	JPY	2900	0.85	129
Keyword Ideas	古着 コーデ	JPY	2400	0.02	31
Keyword Ideas	古着 買い取り	JPY	2400	0.93	267
Keyword Ideas	古着屋 東京	JPY	1900	0.06	371
Keyword Ideas	古着 大阪	JPY	1300	0.14	123
Keyword Ideas	古着 jam	JPY	1600	0.18	4
Keyword Ideas	古着 ブログ	JPY	720	0.01	
Keyword Ideas	古着 買取 宅配	JPY	1600	0.96	211

取得したデータの見方

○検索ボリューム

このCSVの中の「Avg. Monthly Searches (exact match only)」が、月間の検索ボリュームです。キーワードプランナーで取得できる検索ボリューム数はGoogleで検索されたものだけなので、Yahoo!検索も含めると、およそこの2倍強がWeb全体での検索ボリュームと考えてほぼ差し支えありません。基本的には、検索ボリュームが大きいキーワードから優先順位を高めて、SEO施策を行う形となります。

○競争の厳しさ

「Competition」はAdWords上での競争の厳しさを表しており、この値が1に近いほど競合性が高いです。競合性が高いキーワードは、「狙っている他社が多い≒成約に至る可能性が高い」キーワードですので、ニーズの合っていそうなキーワードであればSEOでも積極的に狙っていきたいところです。

キーワードプランナーの注意点

キーワードプランナーを使う際に気をつけなければならないのは、統計的な処理が行われているために、検索ボリュームの小さいキーワードほど精度が落ちていく点です。月に数回しか検索されないキーワードは、キーワードプランナーで拾い上げることが困難です。

検索ボリュームが少なくても成約率が高いキーワードも存在しますので、「キーワードプランナーで検索ボリュームがゼロだったから対策しない」と短絡的に考えないようにしてください。

CHAPTER 2 | 手軽な対策編

16 サイト設計のポイントを知りたい

> **3行でわかる!**
> - ☑ 必要なコンテンツを洗い出して整理する
> - ☑ 洗い出したコンテンツを樹形図に整理する
> - ☑ セリングコンテンツだけでなく、リンクベイトコンテンツも用意する

🔍 必要なコンテンツを洗い出す

○ 新規サイトの場合

前節のようにターゲットキーワードの洗い出しをしてから、サイトの設計に入ります。これから新規にサイトを構築する場合には、必要なコンテンツの洗い出しから始めましょう。

コンテンツの洗い出しを行う際には、関係者でブレストを行ったり、似た構造を持った他社サイトを参考したりするとスムーズです。必要な要素は箇条書きにしたり、カードにまとめておいたりすると、あとの作業が捗ります。

○ 既存サイトの場合

すでにサイトを運営中の場合には、ターゲットキーワードに対して欠けているものがないか調べましょう。その際には、「Website Explorer」というフリーソフトを使うと便利です。Website Explorerは、Webサイトを丸ごと巡回して、URLとtitle要素のテキストを抽出してくれます。titleテキストの重複を調べるときなどにも役立つので、インストールしておくとよいでしょう(図2-5)。

Website Explorer
URL http://www.umechando.com/webex/

■ 図2-5：Website Explorer

洗い出したコンテンツを整理する

　必要なコンテンツの洗い出しが済んだら、それを情報の種類別にグループ化します。たとえば衣料品の通販サイトであれば、下記のようなコンテンツが必要になると思われます。

・トップページ
・取り扱いブランド一覧
・ブランド別商品一覧
・カテゴリ別商品一覧
・商品詳細ページ
・カート
・購入完了ページ
・ヘルプ
・プライバシーポリシー

- 特定商取引法に基づく表示
- 会社概要
- お知らせ一覧
- お知らせ詳細
- コラム一覧
- コラム詳細

コンテンツを樹形図に整理する

　これらを情報の種類やページ遷移を加味し、樹形図に整理します。整理の際にはExcelやマインドマップツールを利用するとよいでしょう。筆者は「XMind」というマインドマップツールを利用しています。基本機能は無料で利用できます（図2-6）。

XMind
URL http://jp.xmind.net/

図2-6：XMind

前述の衣料品通販サイトに必要なコンテンツを、XMindで整理したものが図2-7です。

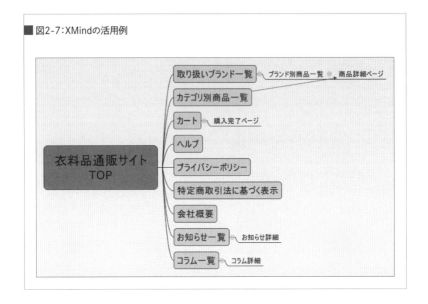

■図2-7：XMindの活用例

サイト構造もページ評価の対象

Googleは、サイト構造も理解してページの評価をしようとしています。サイト構造がおかしいと正しく評価されず、ロスしてしまう場合があるので注意してください。

また、昔は「ページ階層」と「ディレクトリ階層[※]」を合わせることが推奨されていましたが、現在はあまり気にする必要がありません。ディレクトリ構造を複雑にすると、サイトリニューアル時の対応が煩雑になるなどの問題が生じやすいので、開発担当者と相談してシンプルなディレクトリにすることをおすすめします。

※PCのフォルダ分けのようなツリー形式のファイル構造のことです。

セリングコンテンツだけでなく、リンクベイトコンテンツも用意

○ セリングコンテンツとは

　商品ページなどの「営業活動に必須のコンテンツ」は、「セリングコンテンツ」と呼ばれます。文字通り「売るためのコンテンツ」ですので、サイト内にこれがないのは問題外ですが、セリングコンテンツだけでは十分なSEO施策が行えません。

　なぜなら、セリングコンテンツは「自然リンク」を集めにくいものだからです。自分がソーシャルメディアやブログでリンクを張るときのことを考えてほしいのですが、「売り込みたい」という気持ちが前面に出たページは、あまりシェアしたい気持ちが起こらないですよね。そうしたページは面白味があまりありませんし、特定の商品を強く推薦するようで、気持ちが引けてしまいがちです。セリングコンテンツだけで構成されたサイトは、自然リンクを得にくくなってしまうのです（ユニークなアイテムや、書籍などは例外ですが）。

○ リンクベイトコンテンツとは

　そのために必要となるのが「リンクベイトコンテンツ」です。サイト内にコラムやブログを掲載できるコーナーを設置して、「売り込みたい」という気持ちを全面に出さない「お役立ち情報」や「面白い情報」を載せることで、自然リンクを獲得しやすくします。

　リンクベイトコンテンツを制作する際は、CMSを用いてオウンドメディアを開設するのがおすすめです。CMSを用いることで、コンテンツの追加を気軽に行いやすくなります。オウンドメディアの運営については、「47 オウンドメディア開設・運営のポイントを知りたい」を参照してください。

CHAPTER 2 | 手軽な対策編

17 サイト名を決めるときの ポイントを知りたい

3行でわかる！
- ☑ サイト名にはメインのターゲットキーワードを含める
- ☑ ターゲットキーワードはサブタイトルに入れてもよい
- ☑ 一般的すぎない名称にする

🔍 サイト名で伝えたいことは何か

　サイト名と、次の節で解説するトップページのデザインは、サイトの顔といえます。サイト名を考えるときには、「サイトのコンセプトが伝わるか？」「独自性はあるか？」「覚えてもらいやすいか？」など、様々なことを勘案すると思います。ブランド重視の戦略を取るような場合は、新たな造語を考えることも多いでしょう。

　SEOの観点からは、次の2つのポイントを押さえてサイト名を決定することをおすすめします。

🔍 サイト名を決める2つのポイント

◎メインのターゲットキーワードを含める

　1点目は、サイト名にメインのターゲットキーワードを含めるということです。たとえば、ブランド古着の買取を行うサイトであれば、「ブランド古着高額買取の〇〇」といった名前にします。こだわりがあってどうしてもキーワードを含められないような場合には、「〇〇〜ブランド古着を高額買取〜」といったようにサブタイトルをつけ、そこにキーワードを含めるとよいでしょう。

◯一般的すぎない名称にする

2点目は、「過度に一般的な名称にしない」ということです。一般的すぎる名称にしてしまうと、ユーザーの印象に残りづらいばかりか、サイト名で検索をかけても上位に表示されないという状態になってしまいます。

仮に、蕎麦屋を開店したので「蕎麦屋」というサイト名にしたとしましょう。「蕎麦屋」というキーワードで検索をすると、上位には「食べログ」や「ぐるなび」などのポータルサイトや、「Wikipedia」などのSEO的に強力なサイトばかりが表示されます。この中で上位に食い込んでいくのはかなり困難で、こうしたサイト名にしてしまうと指名で検索してくれているユーザーですらサイトにたどりつけなくなり、機会損失が大きくなります。こうした事態を避けるために、一般的すぎる名称は避けた方がよいです（図2-8）。

■ 図2-8：強敵を避ける

CHAPTER 2 | 手軽な対策編

18 トップページデザインの SEO対策を知りたい

> **3行でわかる!**
> - ☑ 画像ばかりにしない
> - ☑ テキスト枠を入れる
> - ☑ 重要な下層ページへのリンクをテキストで設置する

🔍 サイト制作時はデザインだけを見てSEO要件を忘れがち

　新たにサイトを制作する作業は楽しいものです。どんなコンテンツを載せようか、どういった点で競合と差別化を図ろうか、ユーザーにとって使いやすくて印象に残るデザインはどんなものか……など、いろいろな想いが膨らみます。

　しかし、サイト制作時にありがちな失敗として、見た目のデザインばかり気にしてしまって、SEO要件が抜け落ちることがあります。せっかくきれいなサイトを作っても、見てくれるユーザーがいなければ存在しないも同然です。

🔍 テキスト枠を入れる

○ 画像ばかりにならないように注意

　サイトの印象を決めるトップページには、見栄えをよくするために画像が多用される傾向があります。画像ばかりで地のテキストがほとんど入っていないトップページもめずらしくありません。

　きれいな画像がふんだんに使われたサイトは、確かに華やかで、見ているだけで楽しいものです。しかし残念ながら、Googleは画像からその意味を読み取ることができません。Googleにサイトを理解してもらうためには、テキストの設置が不可欠なのです。

○画像の文字をテキストに置き換える

そうはいっても、デザインへのこだわりや操作性の面から、目立つところにテキスト枠を設置したくないこともあるでしょう。そのような場合には、画像で固めている文字をなるべくテキストに置き換えます。CSSで装飾すれば、画像で表現したものにも見劣りしないレベルのものが作れます。また、見た目や操作に影響しにくい、サイトの下部にテキスト枠を設置することも考えてみましょう（図2-9）。

■図2-9：トップページの下部にテキスト枠を設置している例

「AGA Select」　URL https://aga-select.com/

◯ 下層ページでも同様に

　このテキスト枠設置のテクニックは、トップページに限らず、下層ページでも使えます。画像ばかりでテキスト量が少ないページがある場合には、このように枠を追加してテキスト量を補うとよいでしょう。

🔍 重要な下層ページへのリンクをテキストで設置する ⊗

◯ トップページからのリンクは強い

　トップページは、「そのサイトの中でもっとも重要なページ」だとGoogleから判断されやすいページです。そこから直接リンクされているページは「もっとも重要なページから直接誘導されている、次に重要なページ」と認識されます。そのため、検索からの流入を増やしたい下層ページへは、トップページから直接リンクを設置してください。

◯ リンクはテキストで配置する

　また、リンクはなるべくテキストで設置し、アンカーテキスト[※]にはリンク先のページのターゲットキーワードを含めましょう。アンカーテキストはユーザーに対して「このリンクをたどった先に何があるのか」を示すものですが、Googleに対しても同じ役割を果たします。

　図2-10の「HOME'S」のサイトでは、トップページから「賃貸情報」のページや「新築マンション情報」のページなどの重要なページへ、テキストでリンクを設置しています。アンカーテキストも、簡潔にターゲットキーワードが含まれています。SEOとユーザーの使いやすさを両立しているよいお手本といえます。

※アンカーテキストとは、リンクを張ったテキスト(URLではなく文字列になっているリンク)のことです。

■ 図2-10:トップページから重要ページにテキストリンクを設置している例

「HOME'S(ホームズ)」 URL http://www.homes.co.jp/

CHAPTER 2 | 手軽な対策編

19 一覧ページのSEO対策を知りたい

3行でわかる！
- ☑ 重複が発生しやすい、取扱商品が多い通販サイトなどでは注意が必要
- ☑ テキスト枠を入れて、ページごとのオリジナリティを高める
- ☑ ユニーク化が困難ならnoindexタグも活用する

🔍 一覧ページでは重複コンテンツが発生しやすい

◉ オリジナリティが低いサイトになってしまう

　商品やサービス、記事などがずらりと並んだ一覧ページは、重複コンテンツが発生しやすいので注意が必要です。特に、商品点数が多く、カテゴリや価格帯別の検索機能を持つ通販サイトでは問題が発生しやすいです。

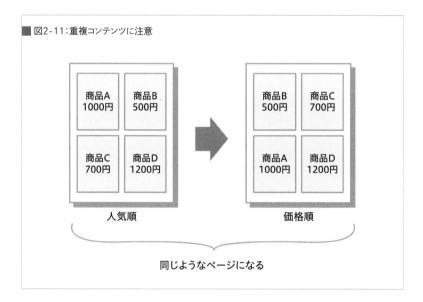

■ 図2-11：重複コンテンツに注意

「パンダアップデート」の項で説明した、「オリジナリティの乏しいページは評価が低く、そのようなページばかりのサイトは全体が低品質とみなされる」という点を前提に考えてください。たとえば、商品点数が1万点あるサイトで、一覧ページには10商品ずつ表示されるとします。そうすると、商品が並んだだけのページが1000ページできてしまいます。これにカテゴリでの分類や、価格順でソートした結果などを含めると、あっという間に数万単位の「似たようなページ」ができあがってしまうのです（図2-11）。

○ 一覧ページの割合を把握する

サイトを設計する際には、一覧ページがどのように、何ページくらい生成されるのかをイメージしてください。一覧ページがサイト全体の大部分を占めてしまう場合には、noindexやcanonicalでの対策を考えた方がよいでしょう（後述）。

テキスト枠を設置してオリジナリティを高める

「18 トップページデザインのSEO対策を知りたい」で紹介した、テキスト枠設置のテクニックは、一覧ページにも応用できます。オリジナルのテキストを入れた枠を設置することで、ただの一覧ではなく、プラスアルファのユニーク性を持たせることができます。

通販サイトだけでなく、エリア別の検索結果が無数に生成されるポータルサイトでも、頻繁に用いられているテクニックです。

そうはいっても、無数にある一覧ページのすべてにテキストを設置するのは困難な場合もあるでしょう。そのような場合は、優先順位をつけて重要なページだけでも設置しましょう。

ユニーク化が困難な場合はnoindexも活用する

◎「noindex」とは

複数の検索条件が存在する場合は、一覧ページが膨大な数になってしまいます。たとえば「食べログ」などのグルメサイトでは、「エリア」「ジャンル」「予算」等々、多数の条件で検索ができ、さらに「予算順」や「口コミ点数順」などで順番を入れ替えられます。おそらく、組み合わせは数十万以上になるのではないでしょうか。

そうして生成されたページすべてに、ユニークなテキストを追加するのは現実的でありません。このような場合は、下記のようなタグをHTMLのヘッダー内に加えて、Google側にインデックスさせなくします。

```html
<meta name="robots" content="noindex,follow" />
```

これにより、「似たようなページがたくさんあって全部インデックスしてもらっても無駄だから、このページはインデックスしないでいい」とGoogleに伝えるのです。

◎ noindex化の基準

noindex化する基準はサイトによってまちまちですが、「複数の検索条件を設定している場合」や「3件以下しか表示されない場合」などのルールを定めると、プログラム的に処理ができるのでおすすめです。なお、noindexタグについては「24 似たページがあっても評価を下げられないようにしたい」で詳述します。

CHAPTER 2 | 手軽な対策編

20 有効なタグを知りたい①
titleタグ

> **3行でわかる！**
> - ☑ 本の背表紙に書かれた「書名」のようなもの
> - ☑ 掲載されている内容を具体的に示し、各ページでユニークにする
> - ☑ キーワードを詰め込むのは×。自然な日本語のタイトルをつけよう

🔍 titleタグの役割

○ ユーザーと検索エンジンに内容を伝える

「titleタグ」とは、ページの内容をユーザーと検索エンジンに伝える役割を持つタグです。1つのWebページを書籍にたとえるとしたら、背表紙の書名にあたります。検索結果ページを本屋の書架とイメージしてみましょう。そこにはずらりと本が並んでいます。そんなとき、あなたならどうやって目当ての本を選ぶでしょうか。背表紙の書名を見て、自分が求めているものにマッチしていそうかどうか判断しているはずです。

これと同様に、検索エンジンにとってはtitleタグが書名の役割を果たします。titleタグをチェックして、そのWebページに含まれているコンテンツの内容を判断する重要な材料としているのです。

また、検索結果に表示されるサイズの大きなテキストも、titleタグがそのまま使われることが多いです（図2-12）。

○ titleタグの記述方法

titleタグは、HTMLのヘッダー内に下記のように記述します。

```
<title>SEOの基本！「titleタグ」の有効な設定方法　｜　SEO対策のユナイ↵
テッドリバーズ</title>
```

■図2-12：検索結果の大きな文字の部分は、titleタグがそのまま表示されることが多い

タイトルのつけ方のコツ

○ ターゲットキーワードを含め、各ページでユニークにする

titleタグのテキストを決める際には、そのWebページに書かれている内容を具体的に示すものにしましょう。何か別のキーワードで上位化させたいと思って、ページの内容と異なるタイトルを無理矢理つけても意味がありません。Googleはタイトルと内容の整合性も判断しています。むしろ、スパム的な行為と判断されて、評価を下げてしまうこともあり得るでしょう。

○ 望ましいタイトルの例

たとえば、ECサイト内のデジタル一眼レフカメラの一覧ページのタイトルであれば、下記のようなものが望ましいです。

```
<title>デジタル一眼レフの商品一覧　|　激安インターネット通販の○○カメラ
</title>
```

これならページを開くまでもなく、どんな内容か具体的にわかります。また、titleタグは前半に各ページ固有のtitleテキストを入れ、後半にサイト全体のブランド名を加えることが多いです。どのサイトのページなのかもわかりやすいですし、固有のtitleテキストの中には入れにくい「激安」や「通販」などの文言も加えやすくなります。

○ titleの文字数

　タイトルはサイト内の各ページにユニークなものをつけ、重複しないように注意してください。タイトルが重複していると、やはり検索エンジンから「同じようなページばかり量産している」と判断され、評価を落とされてしまいます。

　また、titleタグの長さは全角で32字以内に収めるのが望ましいですが、必要な情報を伝えるためにその長さを超えるのであれば、あまり気にしすぎる必要はありません。32文字が望ましいというのは、スマートフォンの検索結果ページで省略されずに表示される文字数がその程度のためですが、省略をされていてもGoogleはtitleタグのテキストをすべて認識しています。

　長いタイトルが省略されてしまうときの対策として、なるべく前半にターゲットキーワードを含めるとよいでしょう。これは順位にも多少の影響を与えます。

NGなタイトル

○ キーワードを詰め込むのは×

　titleタグがSEOに有効だからといって、狙いたいキーワードを片っ端から詰め込むのは逆効果です。titleタグの説明をしているWebページにこんなタイトルがついていたらどう思うでしょうか？

```
<title>SEO対策 titleタグ 基本 書き方 インターネット集客 アクセス数
アップ ｜ SEO対策のユナイテッドリバーズ</title>
```

titleタグについて何かしら説明してありそうだなと読み取ることはできるでしょうが、いまいち内容が判然としないと思います。また、機械的にキーワードを並べたようで、クリックして中身を読んでみたいと感じないですよね。titleタグは自然な日本語になるようにしましょう（図2-13）。

図2-13：キーワードを詰め込まない

○ ページ内容と無関係なタイトルは×

　また、ページの内容から乖離したtitleタグをつけるのは論外です。また書名でのたとえになりますが、「初心者でも簡単にできる卵料理のレシピ」という本を開いて、自動車修理の方法が書いてあったら残念に思いますよね。そういうtitleタグのつけ方がされているページは、Googleから低い評価を受けることになります。

CHAPTER 2 | 手軽な対策編

21 有効なタグを知りたい② hタグ

> **3行でわかる！**
> - 書籍でいえば目次や見出しにあたるもの
> - h1〜h6までの6種類があり、数字が小さいほど上位の見出し
> - ツリー構造になるように設計する

hタグの役割

「hタグ」の「h」はheadingの略で、「見出し」を意味しています。あるテキストやコンテンツのかたまりの前に置き、「ここに続く内容はこういうものです」と説明するために使います。

本の「章題」などにあたるものといえばわかりやすいでしょう。本を買うとき、内容を把握するために、章題や見出しがまとまった目次に目を通すと思います。目次を見れば、本全体でどんな内容が書かれているのか、およそイメージできます。hタグのテキストは、目次や章題、見出しをつけるようなイメージで決めるとよいでしょう。

hタグの種類

○ hタグの記述方法

hタグにはh1〜h6までの6種類があり、数字が小さいほど上位の見出しとなっています。h1なら大見出し、h2なら中見出し、h3なら小見出し……というようなイメージです。

たとえば「美味しい卵料理のレシピ集」というWebページがあったとすると、下記のようにhタグをつけます。

```
<h1>美味しい卵料理のレシピ集</h2>
    <h2>オムレツの作り方</h2>
        <h3>材料</h3>
        <h3>手順</h3>
    <h2>厚焼き卵の作り方</h2>
        <h3>材料</h3>
        <h3>手順</h3>
    <h2>卵かけごはんの作り方</h2>
        <h3>材料</h3>
        <h3>手順</h3>
```

このように、見出しのレベルに応じて階層化されたコーディングを心がけましょう(図2-14)。完璧に守るのは実務上困難なこともあると思いますが、最低限h1タグは全ページにユニークなものをつけるようにしてください。

■図2-14:上記コードの表示イメージ

> 美味しい卵料理のレシピ集
>
> オムレツの作り方
>
> ☐ 材料
> _____
> _____
> _____
>
> ☐ 手順
> _____
> _____
> _____

🔍 修正しやすさも大切

h1タグはチューニング※のために修正を加えることが多く、かつ全ページに設置するものです。そのため図2-15のように、最上段に1列、

h1タグ用のスペースを作ると、デザイン面でも運用面でもやりやすいと思います。

※パフォーマンスを改善するために調整を加えることです。

■図2-15：h1タグ用のスペースを空けている例

海外挙式の式場人気ランキングナビ　URL https://weddinghall-navi.com/

h1タグのルール

◯ titleと同じテキストでもよい

　h1タグはtitleタグと同じように、各ページに1つずつ、ユニークなテキストを設定してください。titleと同一のテキストを使っても問題ありません。一昔前のSEOでは、h1とtitleを完全一致させるのは望ましくないとされていましたが、現在では特に気にする必要はありません。

　筆者がコンサルタントとして設定する場合は、titleタグは「各ページ固有のテキスト＋サイト全体の共通タイトル」にし、h1タグは「各ページ固有のテキストのみ」という構成にすることが多いです。

◉ 複数設置しても文法上は問題ないが……

W3C^(※)の規定によると、HTML5ではh1タグを複数設置しても文法上問題ないことになっています。そのため、最近ではh1タグを複数使ったサイトも増えていますが、HTML5であっても、h1タグは1つにしておいた方が無難です。h1タグを複数使うことによる評価への悪影響は明確に見られないものの、余計な心配ごとを増やす必要はないと思います。

※ World Wide Web Consortium。Webで利用される技術の標準化を推進する世界規模の団体です。

Column　meta descriptionとkeywordsタグ

かつてのSEOでは、titleタグと並んでmeta descriptionタグとkeywordsタグが重要視されていました。しかし、現在はどちらも「検索順位に影響はない」とGoogleが明言しています。筆者の経験でも、これらが検索順位に影響を及ぼすことはありませんでした。

meta descriptionタグはページの概要を100字程度で表すタグで、検索結果の細字の部分に使われる（ことがある）ものです。「ことがある」と括弧書きを入れたのは、Googleの判断でmeta description以外のテキストが表示されることが多いからです。meta description以外のテキストが表示されるケースとして、検索キーワードに合致しているであろう箇所を本文から抜粋されることがあります（図2-16）。

keywordsタグは、当初は検索エンジン向けに利用されていたタグで、「このページはこんなキーワードと関連があります」と伝えるためのものでした。しかしブラウザに表示されず、ユーザーの目に触れないタグだったため、ここにキーワードを大量に詰め込むというスパム行為が発生しました。keywordsが検索結果の改善に役立たない状態となったため、検索エンジンの評価から外れるようになったのです。

Google以外のツールでdescriptionやkeywordsが使用されることもあるので、余裕があればきちんと設定するに越したことはないのですが、優先順位は低いと考えて問題ないでしょう。

■ 図2-16：meta description以外のテキストが表示されている例

21 有効なタグを知りたい② hタグ

CHAPTER 2 | 手軽な対策編

22 有効なタグを知りたい③ alt属性

3行でわかる！
- 画像に対する説明を加えるタグ
- 画像の意味を認識できない検索エンジンに意味を伝えられる
- ユーザビリティ、アクセシビリティも向上する

alt属性とは

　alt属性とは、imgタグを使って画像を表示する際に、その画像に対してテキストで説明を加えるタグです。書き方は下記の通りです。

```
<img src="example.jpg" alt="猫の画像" />
```

　これまで説明してきたように、検索エンジンは画像が表している意味をそのまま理解することができません。ユーザーにとってわかりやすい図解などがあっても、その価値を判断することができないのです。altタグを設定することは、画像が苦手なGoogleに対して、その意味を説明してあげる意味合いがあります（図2-17）。

　しかし、SEO的に効果があるからといって、alt属性にキーワードを詰め込むのは逆効果です。端的に画像の内容を示す説明を入れましょう。

　ナビゲーションとして画像を使っていて、そこにリンクを設定しているときは、アンカーテキスト[※]に近い役割も果たします。

※アンカーテキストについては、「18 トップページデザインのSEO対策を知りたい」を参照してください。

■図2-17：altタグで画像の意味を説明する

ユーザビリティやアクセシビリティも向上する

　外出先でWi-Fiやテザリングを使っていて、通信速度が遅くて画像が読み込めなかった経験はないでしょうか？　そんなとき、ただ真っ白な四角が表示されていれば、ユーザーは意味を読み取れません。alt属性が設定されていれば、画像の読み込みが失敗しても、その箇所にテキストが表示されるので理解の助けになります。また、画像を見ることができない視覚障害のある人が読み上げソフトを使う場合などにも親切です。

　最近はモバイルの通信量に制限があるプランが普通になっており、低速通信でアクセスするユーザーのことも考えると、altタグをきちんと設定して、ユーザビリティやアクセシビリティを向上させることは意味があると思います。

CHAPTER 2 | 手軽な対策編

23 Googleに対してサイト構造を示したい

3行でわかる!
- パンくずリストを使ってサイトの構造をGoogleに知らせることができる
- パンくずリストのテキストにはターゲットキーワードを加える
- きちんと階層化しないと効果がないので注意

パンくずリストを設置する

　パンくずリストとは、あるWebページがサイト全体の中でどんな位置にあるのかを示すものです。童話「ヘンゼルとグレーテル」で、ヘンゼルが森の中で迷わないよう、パンくずを落としながら歩いたことから命名されたといわれています。

　言葉で説明してもわかりにくいと思いますので、実際のサイトでどのように使われているか、例を挙げてみましょう(図2-18)。

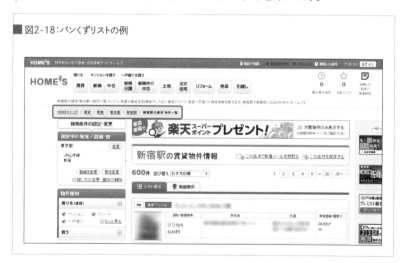

■図2-18:パンくずリストの例

パンくずリストがあると、ユーザーは上の階層への移動が楽になり、サイトの中で迷子になりづらくなります。このようにユーザビリティ的にも重要な要素ですが、SEOとしても重要な要素となっています。

パンくずリストのSEO効果

○ Googleはパンくずリストを見てサイト構造を把握する

Googleはサイト構造を把握する重要なヒントとして、パンくずリストを使用しています。あるサイトがどんな情報をどれくらい持っているのかを判断するために、ページの種類別にグループ分けをしているのです。一例として、「16 サイト設計のポイントを知りたい」で作った衣料品通販サイトの「商品詳細ページ」(図2-19)のパンくずを考えてみましょう。

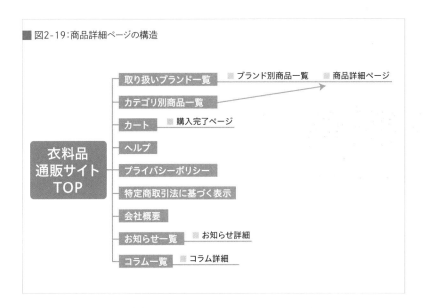

■図2-19：商品詳細ページの構造

衣料品通販サイトTOP ＞取り扱いブランド一覧 ＞ルイ・ヴィトンの商品一覧 ＞バガテル

ここでは、上記のようになっているはずです。ルイ・ヴィトンの商品ページが複数ある場合は、下記のようなパンくずリストを設置されたページがたくさん存在するようになります。

- 衣料品通販サイトTOP ＞取り扱いブランド一覧 ＞ルイ・ヴィトンの商品一覧 ＞レティーロ
- 衣料品通販サイトTOP ＞取り扱いブランド一覧 ＞ルイ・ヴィトンの商品一覧 ＞クラッチ
- 衣料品通販サイトTOP ＞取り扱いブランド一覧 ＞ルイ・ヴィトンの商品一覧 ＞シラクーサPM

など

Googleはこれらのパンくずリストが設置されたページを認識して、「このサイトはルイ・ヴィトンの品揃えがよいサイトなんだな」と判断するのです。

◎パンくずリストの悪い例

では、もしパンくずリストが以下のように設置されていたらどうなるでしょうか。

- TOP ＞バガテル
- TOP ＞レティーロ
- TOP ＞クラッチ
- TOP ＞シラクーサPM

このように階層化が不十分なパンくずリストが設置されていると、「バッグがたくさんあるサイトかな？」といった程度の認識に終わってしまう可能性があります。Googleからきちんと評価を受けるためには、サイトの構造を整理して階層化し、その階層構造をパンくずリストで伝える必要があるのです。

24 似たページがあっても評価を下げられないようにしたい

> 3行でわかる！
> - ☑ noindexタグを使って検索結果に表示させないようにする
> - ☑ nofollow属性でリンク評価を渡さないようにする
> - ☑ ページに価値がないことを、あえてGoogleに示すという考え方

🔍 noindexタグを利用する

○ 重複コンテンツと判定されるのを避ける

　Googleに対して、ページを検索結果に表示しないよう伝えるためのタグが「noindexタグ」です。もともとは会員限定のページなどの、検索結果に表示して欲しくないページに対して使うタグでしたが、最近はGoogleから重複(低品質)コンテンツと判定されるのを避けるために使われることが増えています。特にパンダアップデート以降、積極的に利用され始めた要素です。

　繰り返しになりますが、パンダアップデートにより、オリジナリティのあるコンテンツを含んだWebページの評価が高くなり、ほかと似ている、あるいは情報が薄いコンテンツの評価が低くなりました。

　しかし率直に言って、このアルゴリズムには欠陥があります。「価格順」や「エリア別」「カテゴリ別」などのユーザーにとって有益であるはずの分類も、「似たページ」として判断されるようになってしまったのです。このあたりは改善するよう訴えたいところですが、まずはnoindexの設定で対策しておきましょう。

○ noindexタグの記述方法

　noindexタグは下記のように記述します。

```
<meta name="robots" content="noindex,follow">
```

　要素の値に「follow」という記述がありますが、これは「ページの中に記載してあるリンク先はきちんと見て」という意味です。「noindex, follow」をセットで簡単に説明すると、「このページ自体はインデックスしてもらうほどのオリジナリティはないけれど、リンク先はちゃんとしたページだからきちんと見て」という意味になります。

🔍 nofollow属性を利用する

　通常、ハイパーリンクを設置すると、設置したページからリンク先のページに向けてSEO的な意味での評価が渡されます。そうしたリンクを通じた評価を、Googleが検索順位を決める際の重要なシグナルの1つとしているのは、これまで説明した通りです。

　しかし、リンク先が信頼できないページであるときなど、リンクの評価を渡したくないケースも存在します。その際に使用するのが「nofollow属性」です。リンクにnofollow属性を設定すると、リンク先へ評価を渡さなくなります。

　nofollow属性の記述方法と、利用するケースの例を下記に示します。

○ 記述方法

```
<a href="http://example.com" rel="nofollow">アンカー
テキスト</a>
```

○ nofollowを利用するケースの例

- 信頼できないページにリンクをするとき（注意喚起の意味で悪質サイトを掲載するなど）
- 広告記事に設置するリンクやアフィリエイトリンク（リンク売買への抵触をさけるため）

- noindexにしているページへのリンク
- コメント欄や掲示板などCGMコンテンツに自動付与する(被リンク源としてスパマーに悪用されるリスクを減らす)
- コンテンツシンジケーションやプレスリリーススタンドなどを使用し、同じコンテンツが多数のドメインに転載されるとき[※]

※大元になるページにはnofollowの設定は不要です。

🔍 似たようなページができてしまうのはWebサイトの宿命

○ 似たページを完全になくすのは不可能

いくら低評価の恐れがあっても、ある程度の規模のWebサイトでは、重複するページを完全になくすのは現実的ではありません。仕様に少しの差異しかない商品を多数扱っているような場合や、同じ商品を何かの基準で並べ替えただけの商品一覧ページに、それぞれユニークなテキストを載せるのは常識的に考えてあり得ないでしょう。

○ サイト側からページの「価値のなさ」を伝える必要がある

そういう事情はGoogleもわかっているはずで、いつかはアルゴリズムにも反映されるでしょう。しかし、いまのところはそうした事情を完全に汲みとってくれるほどにはGoogleのアルゴリズムは賢くありません。

サイトマスターの側が、「Googleの基準では、このページはあまり価値がない」と伝えるよう対応する必要があるのが実情です。

並び順が違うだけでほぼ同じ内容が表示されてしまうページや、表示される検索結果が少ないページなど、ほかのページとの一致率が高そうなページにこの設定をすることで、低評価のリスクを減らすことができます。

CHAPTER 2 | 手軽な対策編

25 似たページの中でオリジナルを示したい

3行でわかる!
- ☑ canonicalタグでオリジナルのページを示す
- ☑ バラバラなリンクの評価を一本化できる
- ☑ canonicalタグは扱いが少し難しいので、注意点をしっかりおさえる

🔍 canonicalタグを利用する

○ オリジナルのページを示す

色違いだけのページや、価格の並び順が違うだけのページなど、ほとんど同じ内容のページが複数存在してしまうとき、オリジナルのページをGoogleに伝えるタグが「canonicalタグ」です。

ページ内リンクでURLにアンカーをつけていたり、計測のためにパラメータを振っていたりする場合も、1ページに複数のURLができてしまいがちです。パラメータつきのURLに対して外部リンクが張られてしまうこともしばしば発生します。そうしてついたバラバラなリンクの評価を一本化するためにも有用なタグです。

○ canonicalタグの記述方法

canonicalタグは、HTMLのヘッダー内に下記のように記述します。

```
<link rel="canonical" href="http://example.jp" />
```

🔍 canonicalタグを使用する際の注意事項

○ canonicalは扱いが少し難しい

canonicalタグは、少し使い方が難しいタグです。GoogleのWebマ

スター向け公式ブログに使用上の注意点が解説されているので、重要な点を引用します。

> - 扱っている内容は類似しているが、文章自体はさほど似ていない場合は、canonical 指定をしても無視される可能性がある（内容は似ているが、言語が異なるページなど）
> - rel=canonical のリンク先ページが確かに存在していること
> - rel=canonical のリンク先ページにnoindexメタタグがないこと
> - 検索結果に表示させたいページが（重複URLの方ではなく）rel=canonical で指定するURLであること
> - rel=canonicalリンクをページの<head>タグ内またはHTTPヘッダー内に入れる
> - rel=canonicalを1つのページで2つ以上指定しない（「正規のURLを指定する」タグなので、2つ以上の指定はできない）

（出典：Google ウェブマスター向け公式ブログ「rel=canonical 属性に関する5つのよくある間違い」
URL http://googlewebmastercentral-ja.blogspot.jp/2013/05/5-common-mistakes-with-relcanonical.html）

続いて、同じブログ記事内で「よくある間違い」として挙げられている点について説明します。

○ 複数ページにまたがるコンテンツの1ページ目をrel=canonicalのリンク先とする

読みやすいように長文記事を複数ページに分割して掲載することがありますが、このような場合にcanonicalで1ページ目を指定するのは誤った使い方です。1ページ目と2ページ目の内容はまったく異なるはずですので、全文を1つにまとめたページを用意して、それに対してcanonicalを指定するか、それぞれのページにユニークなtitleを設定するようにしてください。

○ 絶対URLのつもりで相対URLを記述してしまう

canonicalタグで指定するURLは、絶対パス（httpから始まるURL）

で記述してください。

◯ rel=canonical を意図しない形で指定している、または2つ以上指定する

　プログラミングをミスして、canonicalタグに誤ったURLが指定されてしまっているのをしばしば見かけます。エンジニアに実装を依頼するときには、canonicalタグを設置する意味を説明し、理解を得るようにしましょう。

CHAPTER 2 | 手軽な対策編

26 アクセス解析したい（Google Analyticsを活用する）

> **3行でわかる！**
> - ☑ 正しい現状認識がなければ正しい対策も打てない
> - ☑ 無料で使え、細かくデータを確認できるGoogle Analyticsは導入必須
> - ☑ 「目標設定」を行ってコンバージョンの計測をしよう

🔍 サイト改善の第一歩はアクセス解析から

　Webサイトの運営を改善していくためには数値の把握が欠かせません。数値を把握せずになんとなく感覚でサイトの修正を繰り返すのは、目隠しをして歩くようなものです。サイトの訪問者数や閲覧数などの単純な数値から、ユーザーがどこから来たのか、どのページに訪れたのかなどのデータを、定量的に見られるようにするものがアクセス解析ツールです。

🔍 Google Analyticsを活用する

　有料・無料のアクセス解析ツールが無数に存在していますが、特殊なニーズがない限りは無料版のGoogle Analyticsがおすすめです。ブログプラットフォームやホームページ作成サービスの中には、初めからアクセス解析ツールが付属しているものもありますが、ほとんどの場合はGoogle Analyticsの方が機能が優れています。

🔍 Google Analyticsの使い方

1 新規アカウントを開設する

　まずは「Google Analytics」で検索するなどして、Google Analyticsの公式ページへアクセスしてください。右上の「アカウントを作成」から

利用申し込みができます。

Google Analytics
URL https://www.google.com/intl/ja_ALL/analytics/index.html

「お申込み」をクリックします。

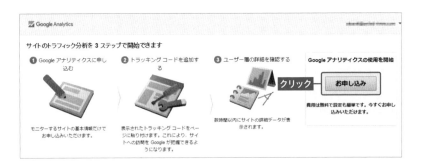

　画面の記載にしたがって、アカウント名やサイト情報などを入力します。入力したら、「トラッキングIDを取得」をクリックし、利用規約を読んで問題なければ同意してください。

アカウント名
任意で命名できます。社名などを入れると管理しやすいでしょう。

ウェブサイト名
アクセス解析を設置するウェブサイト名を記入します。

ウェブサイトのURL
ウェブサイトのTOPページのURLを記入してください。

業種
最も近い業種を指定してください。

レポートのタイムゾーン
「日本」を選択してください。

データ共有設定
特別な事情がない限りは、すべてチェックを入れて問題ありません。

2 トラッキング用コードを設置する

　上記の操作を行うと、トラッキング用のコードが表示されます。このコードをアクセス解析したいページすべてに設置します。設置箇所は<body>タグの直後が推奨されています。

発行されるトラッキングコード

```
<script>
  (function(i,s,o,g,r,a,m){i['GoogleAnalytics↵
Object']=r;i[r]=i[r]||function(){
  (i[r].q=i[r].q||[]).push(arguments)},i[r].l=1*new ↵
Date();a=s.createElement(o),
  m=s.getElementsByTagName(o)[0];a.async=1;a.src=↵
g;m.parentNode.insertBefore(a,m)
  })(window,document,'script','//www.google-↵
analytics.com/analytics.js','ga');

  ga('create', 'UA-○○○○○○○○-○', 'auto');
  ga('send', 'pageview');

</script>
```

※○○部分は、サイトごとに異なる数値が入ります。本書のコードをコピーするのではなく、Google Analyticsの利用申し込みをして、実際に発行されたコードを使用してください。

3 アクセス解析画面をチェックする

埋め込みができたら、「レポート」から、「リアルタイム」→「サマリー」の順にクリックし、リアルタイムアクセス解析の画面を開きます。

　確認のために、トラッキングコードを設置したサイトにアクセスしてみましょう。このリアルタイムアクセス解析に数値が表示されれば、Google Analyticsの設置は無事完了です。

コンバージョンを計測する

　Google Analyticsでは、自分で定めたポイントをコンバージョンとして計測できます。ここではWebサイトからの「問い合わせ」をコンバージョンとした場合の目標設定方法を紹介します。

1 Google Analyticsの目標を設定する
　「アナリティクス設定」の「目標」をクリックします。

「+新しい目標」をクリックします。

「問い合わせ」をチェックして、「続行」をクリックします。

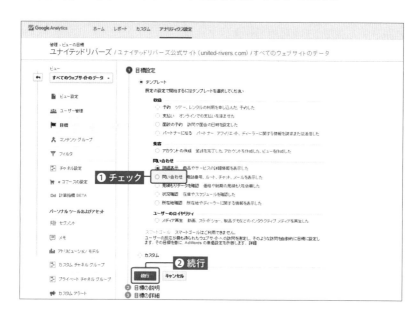

「目標の説明」の設定は、デフォルトのままで問題ありません。「続行」をクリックします。

「到達ページ」に問い合わせ完了ページのURLを相対パスで記入します。これで「保存」をクリックすれば設定完了です。問い合わせが行われ、問い合わせ完了ページが表示されるたびにGoogle Analyticsで「目標」の数値がカウントされていきます。

2 設定を確認するためにテストする

正しく設定できているか確認するために、設定後には必ずテストをしてください。リアルタイムアクセス解析画面の「コンバージョン」でテスト結果をすぐに確認できます。

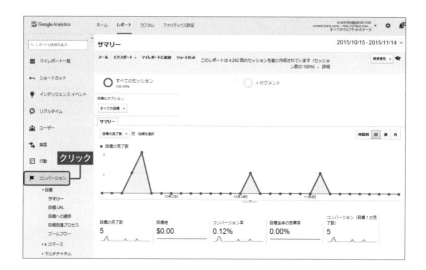

Google Analyticsのほかの活用方法については、目的別に下記で解説しています。

29 検索エンジンからの流入数を知りたい
30 訪問者の検索キーワードや成約数を知りたい
44 低品質なページを洗い出したい

CHAPTER 2 | 手軽な対策編

27 インデックスの促進／ペナルティの確認をしたい（Google Search Consoleに登録する）

> **3行でわかる！**
> - ☑ Search ConsoleはGoogleが提供しているサイト運営者向けのツール
> - ☑ インデックスを促進することができる
> - ☑ ペナルティや被リンクのチェックにも使える

🔍 Google Search Consoleとは

　Google Search Console（サーチコンソール）とは、Googleがサイト運営者向けに提供をしているツールで、Google Analyticsと並んでサイト運営に欠かせないものです。もともとは「ウェブマスターツール」という名称でしたが、2015年5月に名称が変更されました。

　Search Consoleでは、下記のようなことができます。

- ・Googleにインデックスを促せる
- ・自サイトのインデックス状況を確認できる
- ・ペナルティを受けたときやGooglebotが異常を検知したときに通知を受け取れる
- ・自サイトへのリンクをチェックできる
- ・検索キーワードごとの流入数や順位をチェックできる

🔍 Google Search Consoleに登録する

1 Search Consoleにアクセスする

　「Search Console」で検索するなどして、Google Search Consoleの公式ページへアクセスしてください。

Google Search Console
🔗 https://www.google.com/webmasters/tools/home?hl=ja

Googleアカウントでのログインが促されますので、Google Analyticsで登録したものと同じアカウントでログインしてください。

Search Consoleに登録したいサイトのURLを入力し、「プロパティの追加」をクリックします。

2 認証手続きをする

認証方法が提示されます。5つの認証方法があるので、やりやすいもので認証してください。Google Analyticsへの登録が済んでいれば、連携させるのが最も簡単です。

> **Search Consoleの認証方法**
> ・HTMLファイルをアップロード
> ・HTMLタグの埋め込み
> ・ドメインを取得したプロバイダにログインする
> ・Google Analyticsと連携させる
> ・Googleタグマネージャーと連携させる

認証が完了すると、利用できるようになります。

Search Consoleの活用法については、目的別に下記で解説しています。
32 サイトの検索順位を知りたい
37 インデックスが進まないときの対策を知りたい
57 ペナルティを解除したい①「不自然なリンク」の場合

CHAPTER 2 | 手軽な対策編

28 Microsoft Bing対策をしたい（Bing Webマスターツールを活用する）

> **3行でわかる！**
> - Google Search ConsoleのMicrosoft Bing版が「Bing Webマスターツール」
> - Googleに比べて検索シェアは低いが(4%)、使っている人は少なくない
> - Googleに比べてインデックスされにくいので、サイトマップの送信だけは行う

🔍 Microsoft Bingへの対策

○ Bing Webマスターツールとは

Bing Webマスターツールとは、Microsoft社が提供している検索エンジン「Bing」に対応するサイト管理者向けツールです。Search ConsoleのBing版といえばわかりやすいでしょう。Search Consoleと同様に無料で利用できます。

○ Microsoft Bingの特徴

検索エンジンのシェアは圧倒的にGoogleが多数を占めていますが、Bingも4～5%程度のシェアを持っています。Bing向けに特別な対応をするほどのシェアではありませんが、まったく無視してしまうには大きい数字です。

BingはGoogleに比べてクローラーの性能が劣っているのか、インデックスが進みづらいという特徴があります。そこでBing向けの対策として、Bing Webマスターツールへ登録し、インデックスを促します。

🔍 Bingウェブマスターツールに登録する

1 Bingウェブマスターツールにアクセスする

まずは「Bing Webマスターツール」と検索して、登録ページにアクセ

スしてください。登録にはMicrosoftアカウントが必要です。アカウントを持っていない場合は事前に作成してください。

Bing Webマスターツール
URL http://www.bing.com/toolbox/webmaster

2 サイトや個人情報を登録する

「サイトの追加」の欄に登録したいサイトのトップページのURLを入力し、「追加」ボタンをクリックします。

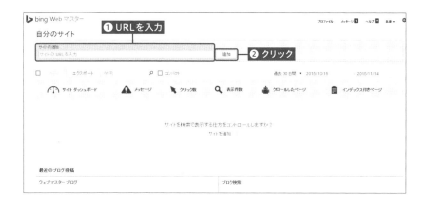

氏名など必要事項を入力して、登録を進めてください。サイトマップの登録もできるので、用意がある場合は入力しておきましょう。

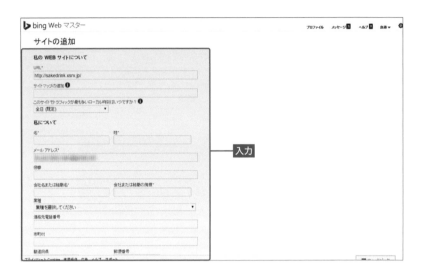

3 認証手続きをする

サイトの所有権を確認するための、3つの方法が提示されます。

> オプション1：Web サーバーに XML ファイルを配置します
> オプション2：<meta> タグをコピーして既定の Web ページに貼り付けます
> オプション3：CNAME レコードを DNS に追加します

やりやすい方法を選べばよいですが、2の方法が一番手軽でしょうか。認証後はタグを消して問題ありません。

ダッシュボードが表示されたら登録完了です。

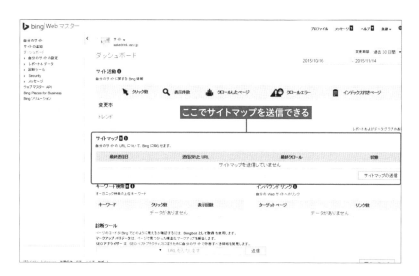

Column **サイトマップを作成できる無料ツール**

インデックスをより確実に促進するためには、サイトマップの登録が有効です。無料で作成できるサイトがあるので、作り方がわからない場合はそういったサービスを利用してみましょう(図2-20)。

■ 図2-20：sitemap.xml Editor

URL http://www.sitemapxml.jp/

CHAPTER 3
本気の対策編

CHAPTER 3 | 本気の対策編

29 検索エンジンからの流入数を知りたい

3行でわかる！
- ☑ 流入数は内訳を知ることが重要
- ☑ Google Analyticsで確認できる
- ☑ 概要をつかみ、ポイントを絞って分析する

サイト訪問者はどこから来るのか

　Webサイトを訪問する経路は、検索エンジンからだけではありません。広告やブラウザのお気に入り、ソーシャルメディアからやってくる人もいます。その内訳を知らずに全体のアクセス数だけを見ていても、正しい現状分析は不可能です。

Google Analyticsで流入元の分析をする

1 Google Analyticsの「チャネル」を確認する

　Google Analyticsでは、Webサイトへの訪問者がどんな経路をたどってきたのかを簡単に調べられます。大まかな流入元は、トップページの左メニューにある「集客」をクリックし、「すべてのトラフィック」→「チャネル」に進めば確認できます。

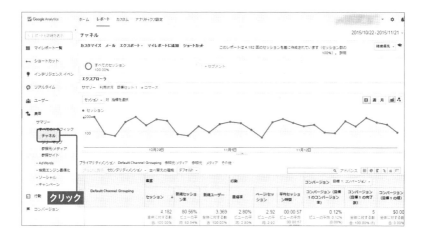

2 流入元の内訳をチェックする

画面下に表で示されているのが流入元の分類です。それぞれについて表3-1で簡単に説明します。なお、「26 アクセス解析したい（Google Analyticsを活用する）」で説明した「目標設定」ができていると、「コンバージョン」の欄に成約数を表示できます。

■ 表3-1：流入元の分類

項目名	説明
Organic Search	Google 検索、Yahoo! 検索、Bing など検索エンジン経由の流入
Direct	ブラウザの「お気に入り」や URL を直接打ち込んだ流入。うまく流入元が取得できなかったときもこれに分類されるため、全体のアクセス数の増減と比例して変動する傾向がある
Referral	外部サイトやブログなどからのリンクをたどった流入
Social	Facebook や Twitter、はてなブックマークなどのソーシャルメディアを通じた流入
Paid Search	Google AdWords など、PPC 広告(※)からの流入。正しく取得するためには出稿時の URL にパラメータを振るなどの対応が必要

※ PPC は Pay Per Click の略。その名の通り、クリックごとに費用が発生する広告のことです。

「チャネル」ページで概要をつかむ

　Google Analytics で分析できる内容は多岐にわたります。すべてを細かく見ようとすると、膨大な時間がかかってしまいます。ここで全体感を押さえた上で、異常値が出ているところや伸ばしたいところなどにポイントを絞って分析すると効率的でしょう。

CHAPTER 3 | 本気の対策編

30 訪問者の検索キーワードや成約数を知りたい

3行でわかる！
- ☑ Google Analyticsで確認できる
- ☑ 取得した一覧を並べ替えるとキーワードが見える
- ☑ not providedの内容を推測する

流入キーワードの確認方法

1 Google Analyticsの「Organic Search」を開く

流入キーワードの内容はGoogle Analyticsで確認できます。「チャネル」ページの表内にある「Organic Search」をクリックすると、流入検索キーワード別のアクセス数を取得することが可能です。

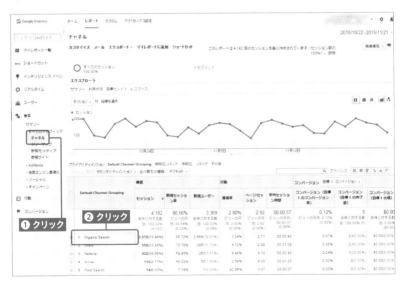

121

2 キーワード別の情報をチェックする

アクセス数だけでなく、直帰率や滞在時間、コンバージョンも確認できます。

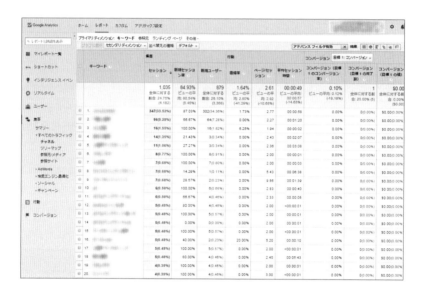

🔍 not providedに注意

この状態で「目標」別にソートをかければ、どんなキーワードでコンバージョンに至ったかの確認もできます。

ただし、注意しなければならないのが「not provided」です。これは、検索キーワードを具体的に取得できなかった検索流入を示します。各検索エンジンやブラウザのセキュリティ強化によって、ここ数年は割合が増えてきており、サイトにもよりますが検索流入のうち7～8割がnot providedとなるのが普通です。

not providedの内容を正確に知ることはできませんが、ランディングページを確認したり、SearchConsoleを併用したりすることで推測が可能です。

not providedのランディングページを確認する

1 ランディングページ一覧を開く

not providedのランディングページを確認するには、まず前述のように「チャネル」の「Organic Search」を開きます。「not provided」をクリックし、「セカンダリディメンション」で「ランディング」と検索して、表示される「ランディングページ」をクリックしてください。

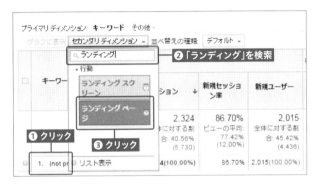

2 一覧からnot providedの内容を推測する

ランディングページ一覧を見ることができます。ランディングページの内容から、どんな検索キーワードでサイトに訪問しているのか推測します。

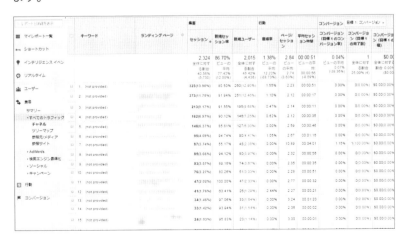

CHAPTER 3 | 本気の対策編

31 特定キーワードでの検索流入数が急に増減したら？

3行でわかる！
- ☑ チューニングする前にキーワード全体の検索量を確認すべき
- ☑ 「Googleトレンド」を利用する
- ☑ 季節やメディア露出による要因に注意

🔍 検索ボリュームは変動する

○ あわててチューニングする前に

Google AnalyticsやSearch Consoleを導入してアクセス解析はばっちり。基本的な施策も実装が済んで、検索エンジン経由の流入が順調に増えてきた。なのに、ある月に突然アクセス数が減少してしまった。サイトは特に変更していないし、Googleのアルゴリズムが変わって順位が下がってしまったのか?!

そんな風に思って、あわててSEOの最新情報をあさったり、効果があるかもわからないチューニングをあれでもないこれでもないと試したりするケースをしばしば目にします。しかし、ちょっと待ってください。その前に確認すべきことがあります。

それは、「アクセス減少の原因＝順位下落」なのか？ということです。

○ キーワード自体の検索数が減ることも

キーワードによっては、季節によって検索ボリュームが大きく増減するものがあります。母数となる検索ボリュームが変われば、検索順位が同じでも流入量が増減するのです。

一例として、「お歳暮」の月間検索数の推移を「Googleトレンド」というツールを使って確かめてみましょう。Google トレンドは、指定した

検索キーワードが毎週どれくらいの回数検索されたのかを、最大値を100とした指数グラフで調べられるツールです。

🔍 Googleトレンドで検索ボリュームを調べる

1 Googleトレンドでキーワードを入力する

「Googleトレンド」で検索するなどして、Googleトレンドにアクセスします。検索ボックスに任意のキーワード（ここでは「お歳暮」）を入力します。

Googleトレンド
URL https://www.google.co.jp/trends/

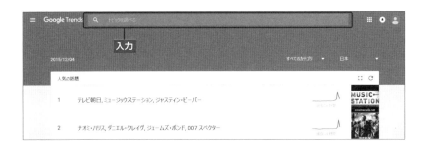

2 検索ボリュームを確認する

「お歳暮」の場合は、毎年12月に向かって検索ボリュームが突出して大きくなり、それ以外の月では極端に検索ボリュームが下がっていることがわかります。

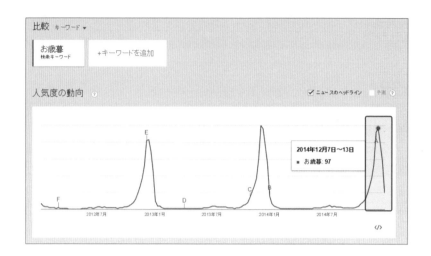

検索流入数だけで一喜一憂しない

　「お歳暮」のほかにも、「クリスマス」「年末調整」「扇風機」などの季節性の強いキーワードは月による変動が激しいです。また、いままでほとんど検索されていなかったキーワードが、テレビなどのマスメディアで紹介されたことで突然ボリュームを増すこともあります。

　このように、検索流入数だけに注目をしていても正しい現状認識が難しいキーワードが存在します。自分が設定したキーワードのトレンドも確認してみましょう。

　なお、検索ボリュームの絶対値を知りたいときは、「15 キーワードの検索ボリュームをチェックしたい」を参照してください。

CHAPTER 3 | 本気の対策編

32 サイトの検索順位を知りたい

> 3行でわかる！
> ☑ Search Consoleの順位は補助的なもの
> ☑ 順位計測ツール「GRC」で推移を監視する
> ☑ 常に計測することで、状況の変化を把握できる

🔍 検索順位を確認する

　検索順位の計測は、毎日同じキーワードで検索をかけて順位を記録する…のも１つの手段ではありますが、さすがに手間がかかって仕方がありません。まず、簡易的な手段としてSearch Consoleの利用が挙げられます。

🔍 Search Consoleで検索順位を確認する

　Search Consoleの左メニューにある「検索トラフィック」から「検索アナリティクス」へと進むと、検索順位の推移を確認できます。

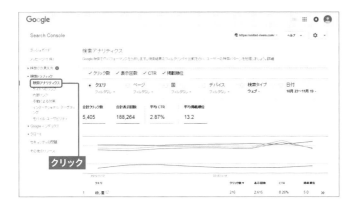

127

もっと正確に順位を計測するには

○ Search Consoleでは少し物足りない

これはこれで便利なのですが、残念ながらSearch Consoleで表示される検索順位はあまり正確でなかったり、狙ったキーワードでの計測ができなかったりと使い勝手がよくありません。正確に順位を計測するためには、専用の順位計測ツールの導入をおすすめします。

○ 順位計測ツール「GRC」

「GRC」とは、SEOツールラボが提供する検索順位チェックツールで、Google、Yahoo!、Bingの検索順位を見ることができます(図3-1)。PC版のほかにスマホ版の提供もされていますが、現状スマホ版の検索結果はPCとほぼ変わりがないので、特別な理由がない限りはPC版のみの導入で問題ないでしょう。

> **検索順位チェックツールGRC**
> URL http://seopro.jp/grc/

GRCには「無料版」と、有料の「パーソナルライセンス」「ビジネスライセンス」の3種類があります。計測できるサイト数や検索キーワード数に違いがあるので、状況に応じて必要なものを導入してください(表3-2)。

■ 表3-2:GRC料金表(2015年12月現在)

種別	URL数	検索語数	上位100追跡	利用期限	料金(税込)
無料版	3 URLまで	20個まで	2個まで	永久	無料
パーソナルライセンス	3 URLまで	300個まで	3個まで	永久	4,930円
ビジネスライセンス	無制限	無制限	無制限	1年間	9,860円/年

出典: URL http://seopro.jp/grc/license.htm

○ ツールを利用して正しい判断を

　こうしたツールで常に検索順位を計測していれば、何らかの原因で検索流入が変動したときに、「検索順位の変動」があったのか、「検索ボリュームの変化などその他の要因」があったのか、原因を切り分けて正しい判断を下せます。

■ 図3-1：GRCの利用画面

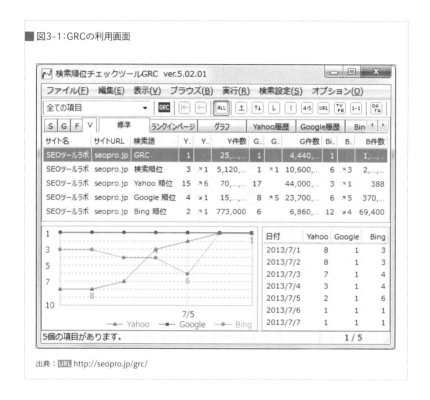

出典：URL http://seopro.jp/grc/

CHAPTER 3 | 本気の対策編

33 Facebook広告を出したい

> **3行でわかる！**
> - ☑ Facebook広告はソーシャルシグナル獲得の確実性が高い
> - ☑ 「投稿の広告」を活用する
> - ☑ URLは1つだけの掲載にしないと、ソーシャルボタンのカウントが増えない

🔍 Facebook広告は手堅い

　ソーシャルシグナルを得ようといっても、具体的な方法が思いつかない人が多いでしょう。一番手軽にできるのは自分や身内でシェアをすることでしょうか。これはこれで重要ですし、積極的に行っていくべきなのですが、それだけでは限界があります。

　そんなときにおすすめなのがFacebook広告の活用です。Facebook広告とは、読んで字のごとくFacebook上に出稿できる広告です。Facebook広告には複数の種類がありますが、ソーシャルシグナルを得るために使うのは「投稿の広告」になります。

🔍 「投稿の広告」を活用する

　「投稿の広告」とは、Facebookページに書き込んだ投稿に対して出せる広告です。Facebookの「ウォール」には基本的にファンになっているFacebookページの投稿が表示されるようになっていますが、広告を出稿することでまだ自分のページのファンになっていない人に対しても表示をしたり、すでにファンになっている人に対しても表示確率を上げたりできるのです。

「投稿の広告」の注意点

○ URLは1つだけ

　SEO効果を狙って「投稿の広告」を行う際に注意しなければならないのが、「1回の投稿にURLを複数掲載したり、画像を添付したりしてはいけない」という点です。URLが1つでないと、「いいね！」などがついてもページに設置してあるソーシャルボタンのカウントが増えません。図3-2のように、1回の投稿に対して1つだけURLを記載するようにしましょう。

■ 図3-2：Facebook広告の例

◎画像はフォーム下部で追加する

　画像を指定したい場合は、投稿フォーム上部にある「写真・動画」は使用せず、URLを入力したときに表示されるフォーム下部の枠から画像を追加してください。こちらで画像を指定した場合は、きちんとソーシャルシグナルのカウントが行われます（図3-3）。

■図3-3：Facebookの画像指定は投稿フォーム下部から

　Facebook広告を出稿した場合、業種や投稿内容にもよりますが、「いいね！」1回あたり数十円のコストです。広告出稿の詳細や料金については、Facebookの公式ガイドを確認してください。

Facebook広告（facebook for business）
URL https://www.facebook.com/business/products/ads

CHAPTER 3 | 本気の対策編

34 Facebookでシェアされたときに目立たせたい

3行でわかる！
- ☑ FacebookOGPで、画像などを表示して目立たせられる
- ☑ 画像サイズやテキスト量のルールに注意
- ☑ 表示が切り替わらないときはFacebookデバッガでキャッシュをクリア

FacebookOGPとは

　OGPは「Open Graph Protocol」の略称で、SNSでシェアされたときに、そのページのタイトル、URL、概要、サムネイル画像などを、サイト運営者の意図した通りに表示させる仕組みです。Facebook向けのOGPが、FacebookOGPです。

　Facebookを閲覧しているときに、こんな表示をされている投稿を見かけたことがきっとあるでしょう（図3-4）。

■ 図3-4：FacebookOGPの例

FacebookOGPを指定していると、このような表示が可能になります。単にテキストでURLが表示されているだけよりも、こんな風に画像や概要が表示されていた方が、ウォールの中で目立たせられます。

FacebookOGPの設定方法

○ HTMLのhead要素で宣言する

FacebookOGPはHTMLのhead内に記載をします。まず、head要素に下記の記述を行います。

```html
<head prefix="og: http://ogp.me/ns# fb: http://ogp.me/ns/fb# article: http://ogp.me/ns/article#">
```

「このページではFacebookOGPを使用します」という宣言のようなものです。この記載がもれていても動作することがほとんどなのですが、正式な方法とされていますので念のため対応しましょう。

○ 必須のプロパティを設定する

次に、下記のように必須のプロパティを設定します。

```html
<meta property="og:title" content="ページのタイトル" />
<meta property="og:type" content="ページのタイプ" />
<meta property="og:url" content="ページのURL" />
<meta property="og:image" content="サムネイル画像のURL" />
<meta property='fb:admins' content='Facebook個人アカウントにひもづいているadminID'>
```

「ページのタイプ」は様々な種類がありますが、基本的には「article」を指定すれば問題ありません。どうしてもほかのタイプを指定したい場合には、Facebook公式のリファレンス(Open Graph Reference Documentation)からマッチするタイプを確認してください。

Open Graph Reference Documentation
🔗 https://developers.facebook.com/docs/reference/opengraph

○ よくある実装ミス

よく目にする実装ミスとして、全ページで「og:url」にトップページのURLを指定してしまうものがあります。OGPの実装をしたら、トップページだけでなく下層ページのチェックも忘れないようにしましょう。

○ adminIDを取得する

少々ややこしいのが、「fb:admins」で必要なadminIDの取得です。Webで検索すると様々な方法が書かれていますが、Facebookの仕様変更で使えなくなっている方法が多々あります。

サードパーティが提供するadminIDの取得ツールは、Facebookの仕様変更で使えなくなる可能性があるため、変更されづらいであろうFacebook公式サービスを使った確認方法を以下に紹介します。

「プラットフォームインサイト」でadminIDを取得する

1 プラットフォームインサイトにアクセスする
まず、下記のURLにアクセスしてください。

プラットフォームインサイト
🔗 https://www.facebook.com/insights

表示されたページの右下にある「ドメインを追加」ボタンをクリックすると、以下の画面が表示されます。

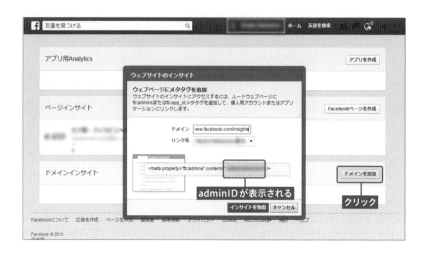

ここに表示される以下の文字列にadminIDが記載されています。

`<meta property="fb:admins" content="ここがadminID" />`

きちんと設定されているか確認する

ひと通りの設定が済んだら、「Facebookデバッガー」というツールで問題なく設定ができているか確認してください。

Facebookデバッガー
URL https://developers.facebook.com/tools/debug/

URLを入力して「Debug」ボタンをクリックし、エラーが表示されなければ、設定完了です（図3-5）。ときどき反応が悪いことがあるので、「きちんと設定しているはずなのにエラーが出る」という場合には、後述のFacebookのキャッシュクリアを試してみてください。

■ 図3-5:Facebookデバッガー

🔍 サムネイル画像指定時の注意点

〇 1200 x 630 px以上の画像を指定する

「og:image（サムネイル画像のURL）」を指定するときに注意すべき点がいくつかあります。

一定以下のサイズの画像を指定すると、シェアされたときに表示される画像が小さくなってしまうことがあります。これではいまいち目立ちません（図3-6）。公式では1200 × 630 px以上の画像を推奨していますので、なるべくそれに従いましょう。

■ 図3-6:画像が小さくなってしまった例

◯ 重要な要素はなるべく中央に

　サムネイルの画像サイズや閲覧環境に応じて、画像は勝手にトリミングされてしまいます。画像の端の方に重要な要素を配置していると、トリミングされて見えなくなってしまうことがあるので注意が必要です。重要な要素はなるべく画像の中央に配置しましょう。

　なお、下記のツールを使うとFacebookにOGP画像が表示されたときのシミュレーションができるので活用してみてください。

OGP画像シミュレータ
URL http://ogimage.tsmallfield.com/

「テキスト20%ルール」に従う

　Facebookページへの投稿には広告をかけられます。しかし、投稿に表示されている画像の中に、20%以上を占める面積のテキストが載っていると、広告審査でリジェクト（拒否）されてしまいます。投稿時に別の画像を指定することもできますが、運用が少し面倒になるので、広告をかけるつもりのページはこの「テキスト20%ルール」に沿ったOGP画像を指定するとよいでしょう。

　画像がこのルールに合格しているかどうかは、Facebookが提供する公式ツールで確認できます。

Facebookグリッドツール
URL https://www.facebook.com/ads/tools/text_overlay

OGPの内容を変更したのに表示が切り替わらないときは

　それまでFacebookOGPに対応していなかったサイトを新たに対応させたときや、OGPの内容に修正を加えたときに、OGPを変更してい

るにもかかわらずFacebookに投稿したときに表示される内容が変更されない現象が起こることがあります。

　この原因はFacebook側のキャッシュです。FacebookはURLが投稿されるたびにOGPを取得しているわけではありません。一度取得したものをキャッシュとして保持しているため、表示が切り替わらないときにはこのキャッシュをクリアして最新の情報を取得してもらう必要があります。

Facebookのキャッシュをクリアする

1 Facebookデバッガーにアクセスする

　キャッシュのクリアは「Facebookデバッガー」で実行できます。Facebookデバッガー（URL https://developers.facebook.com/tools/debug/）にアクセスしたら、対象ページのURLを入力して「Debug」ボタンをクリックします。

2 キャッシュをクリアする

　画面が切り替わったら、2つ並んだボタンの右「Fetch new scrape information」ボタンをクリックします。

　するとページの下部に投稿時のイメージが表示されるので、その表示が切り替わっていればキャッシュのクリアは完了です。一度ではうまくいかないことがあるので、そのときは少し時間をおいて「Fetch new scrape information」を繰り返しクリックしてください。

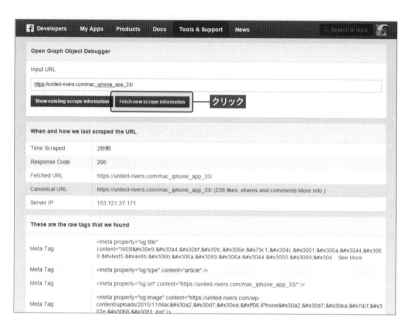

CHAPTER 3 | 本気の対策編

35 Twitterでシェアされたときに目立たせたい

3行でわかる！
- ☑ TwitterにもFacebookOGPに当たるものがある
- ☑ FacebookOGPを指定しておくと設定を簡略化できる
- ☑ ドメインの認証作業を忘れやすいので要注意

Twitterカードを活用する

Twitterで図3-7のようなTweetを見かけることがありませんか。これは、「Twitterカード」というものです。

URLを載せているだけなのに、画像付きTweetのようにサムネイル画像が表示されています。「Twitterカード」の設定をすると、このようにURLがシェアされたときに目立たせることができます。

■図3-7：Twitterカードの例

🔍 Twitterカードの設定項目

　Twitterカードには全部で8つの種類があります（表3-3）。図3-7のカードは「大きな画像付きのSummaryカード」です。Webサイトに Twitterカードを設定するときは、これが一番おすすめです。

■ 表3-3：Twitterカードの種類

カードの種類	説明
Summaryカード	デフォルトのカードで、タイトル、説明、サムネイル、Twitterアカウントの属性が含まれる
大きな画像付きのSummaryカード	Summaryカードに似ているが、画像が目立つように使用される
Photoカード	写真のみを含めたカード
Galleryカード	4つの写真を集めて強調したカード
Appカード	モバイルアプリの詳細を含めて、直接ダウンロードできるようにしたカード
Playerカード	動画やオーディオ、スライドショーを視聴できるカード
Productカード	製品情報のために最適化したカード

出典：Twitterカード | Twitter Developers
URL https://dev.twitter.com/ja/cards/overview

🔍 「大きな画像付きのSummaryカード」の設定方法

○ HTMLのheadに記載する必須項目

　Twitterカードの設定もFacebookOGPと同じく、HTMLのhead内に記載します。公式のリファレンスでは下記が必須とされています。

```
<meta name="twitter:card" content="summary_large_↵
image">
```

```
<meta name="twitter:site" content="@そのサイトの公式↲
Twitterアカウント">
<meta name="twitter:title" content="ページのタイトル">
<meta name="twitter:description" content="ページの概要">
<meta name="twitter:image" content="サムネイル画像のURL">(※)
```
※公式では必須事項とされていませんが、未設定では意味がないのでここでは必須とします

○ FacebookOGPの設定ができていると省略できる

　実は、「twitter:card」と「twitter:site」以外は、前節で紹介したFacebookOGPの設定ができていると省略できます。このあたりの柔軟さというか、いい加減さはいかにも最近のIT企業らしいです。とはいえ、今後仕様が変わってしまう可能性もあるので念のためすべて設定しておいてもよいでしょう。

🔍 Twitterカードが正しく設定されたかチェックする

　前述の設定ができたら、きちんと設定ができているか、「Card Validator」というツールでチェックをします。Twitterにログインした状態で、Card ValidatorにアクセスしてURLを入力し、「Preview card」をクリックしてください。

Card Validator
URL https://cards-dev.twitter.com/validator

　「*.ドメイン名 is whitelisted for summary_large_image card」と表示されれば、問題なく設定されています。なお、Card Validatorでのチェックはサイトの認証も兼ねていますので、設定に自信があっても必ず一度は行ってください。

Twitterカードを利用する際の注意事項

　サードパーティ製のTwitterクライアントでは、独自のURL短縮を採用しているためにTwitterカードが正常に表示されない場合があります。Twitterカードで設定した内容をTweetに表示させたいときは、公式クライアントから投稿するのが無難です。

　また、URLが複数掲載されていたり、画像と一緒に投稿されている場合には「一番先頭に記載されているURL」の内容が優先されます。複数のURLを1つのTweetに含めるときは注意してください。

Column ソーシャルボタンは「Facebook」「Twitter」「はてなブックマーク」の3つを必ず設置しよう

FacebookやTwitterなどのソーシャルメディアでのシェアを増やすには、「ソーシャルボタン」の設置が必須です。いちいちURLをコピーしたり、ブラウザの拡張機能を使ったりという手間を省くことができるので、ユーザーがシェアのアクションを起こしやすくなります。統計的なデータはありませんが、ソーシャルボタンが設置されていないとそもそもシェアの仕方がわからないという人も多いようです。

しかし、ソーシャルボタンにはたくさんの種類があります。FacebookやTwitterのほかにも、はてなブックマークやGoogle+、mixi、pocket、LINE、Pinterestなどなどです。シェアを促進させるためといっても、これらのソーシャルボタンを片っ端から設置してはスペースがなくなったり、デザイン的な問題が出たりしてしまいます。

そんな数多あるソーシャルボタンの中で、筆者が優先して設置すべきと考えているのは「Facebook」「Twitter」「はてなブックマーク」の3つです。FacebookとTwitterは利用者数がダントツなので、特に理由を説明する必要はないと思いますが、「はてなブックマーク」については疑問に思われるかもしれません。

はてなブックマークは、ソーシャルブックマークサービスと呼ばれる、オンラインで「お気に入り」を管理したり、共有したりするサービスです。情報感度が高く、発信力の強いユーザーが多いため、はてなブックマークで注目されると大きなバズにつながることが多いです。はてなブックマークでバズを生み出すのは難易度が高いですが、ボタンを設置することで、わずかながらその確率が増します。費用はかかりませんし、設置して損はないでしょう。なお、はてなブックマークの活用法については、「50 バズを狙いたい② はてなブックマークを活用する」以降で解説しています。

何のソーシャルボタンを設置するか迷ったら、まずこの3つを設置し、あとはユーザーの特性にマッチしたソーシャルボタンを追加してください。

CHAPTER 3 | 本気の対策編

36 競合分析をしたい

3行でわかる！
- ☑ 主要なターゲットキーワードで上位のサイトがどこか調べる
- ☑ 検索流入数、インデックス数、主要ページのタグをチェックする
- ☑ トップページ、グローバルナビゲーション、パンくずに設置されたリンクを確認

🔍 SEOは競合サイトあってのもの

○ 自分のサイトばかり見ない

　SEOに取り組みはじめたばかりのときは、自分のサイトばかりが気になってああでもないこうでもないと様々な施策を手当たり次第に試しがちです。それはそれでよいことなのですが、忘れてはならないのは「検索結果は無数に存在するWebサイトの中から、Googleが優先順位をつけて並べている」ということです。

○ SEOの評価基準は「競合より優れているか」

　「より検索ユーザーに喜ばれるサイト」を作っていれば順位が上がるというのは正しい考え方ですが、実際にどのサイトがユーザーに喜ばれていると「Googleが判断しているか」は、検索キーワード結果が上位に出ているサイトをチェックしないとわかりませんし、漠然と「よりよいサイト」を目指すといっても曖昧すぎて指針が定めにくいでしょう。品質には上限がありませんから、やろうと思えばいくらでも手をかけられるでしょうが、現実的には無尽蔵にコストをかけることはできません。

　つまるところ、競合より優れたサイト作りをすればよいわけであって、費用対効果に優れたSEO施策を行うためには競合サイトの調査・分析が欠かせないのです。

競合分析の手順

競合分析といっても、目についたサイトを片っ端から調べていては、いくら時間があっても足りません。SEO施策が上手くいっていそうな競合サイトをいくつか見つけて、それらをベンチマークしていくのが効率的です。そのための手順を紹介します。

①いくつかの主要ターゲットキーワードで上位サイトをチェック

○ 主要なキーワードでサイト検索する

SEO施策がうまくいっているサイトは、ビッグワード・ミドルワードで上位になっているケースが多いです。まずはいくつかの主要ターゲットキーワードで実際に検索をしてみて、上位に入っているサイトがどれなのか確認してください。

○ 検索はシークレットモードで

チェックの際には、ブラウザを「シークレットモード」や「プライベートブラウジング」[※]にしてください(名称はブラウザにより異なります)。GoogleやYahoo!などの検索エンジンは、検索ユーザーの閲覧履歴などをもとに、表示結果を調整することがあります。シークレットモードにしていないと、この表示結果調整の影響を受けて、頻繁に見ている自社サイトが本来よりも高い順位で表示されてしまい、正しい結果が得られないことがあるのです。

※アクセスやダウンロードの記録を残さずにWebサイトを閲覧できる設定のことです。

○ シークレットモードにするには

Google Chromeでは、「Ctrl + shift + n」キーでシークレットモードへの切り替えが可能です。シークレットモードでは、ブラウザの左上にサングラスをかけた探偵のようなアイコンが表示されます(図3-8)。

■ 図3-8：Google Chromeシークレットモード

○ 巨大サイトは対象から外す

　また、Wikipediaや楽天市場、amazon、価格.comなどの超巨大サイトは分析対象から外します。これは、規模が違いすぎて参考にならないケースが多いためです。自社サイトに近いビジネスモデルの専門サイトや、自社と同じ種類の商材を扱っているアフィリエイトサイトを分析対象にしましょう。

②SimilarWebで検索流入数をチェック

　①で主要キーワードでの上位サイトをピックアップしたら、その中から特に検索流入数が多いサイトを調査します。検索流入数を公開しているサイトは稀ですから、外部ツールを使って推測します。

　その際に便利なのが「SimilarWeb」（シミラーウェブ）というツールです（図3-9）。サイトのアクセス数や流入元のおよそのデータを調査できます。無料版と有料版があり、有料版の方が検索流入キーワード等を詳

細に確認できますが、無料版でもひと通りのチェックが可能です。

調査したいサイトの毎月の総アクセス数と、それに占める検索流入の割合を確認できます。それらを掛けあわせることで、およその検索流入数を調べられます。検索流入数の多いサイト上位3つほどをベンチマーク先とするとよいでしょう。

SimilarWeb
URL http://www.similarweb.com/

■ 図3-9：SimilarWeb

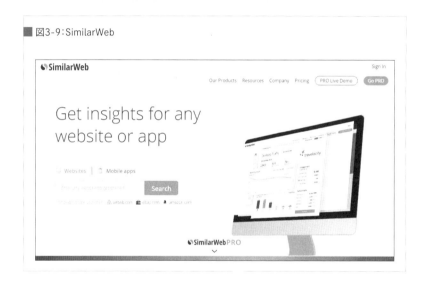

③インデックス数を調査する

○ siteコマンドを利用する

ベンチマーク先が決まったら、まずはサイトの規模を知るためにインデックス数の確認を行います。インデックス数はGoogle検索のオプション機能である「siteコマンド」を使用して調べられます。

siteコマンドの使い方は簡単で、「site:調査したいサイトのドメイン」で検索するだけです（図3-10）。

検索結果の最上部に表示される「約○○件（○○秒）」と表示されている箇所がインデックス数です。図3-10の例でいえば、「Googleから見てwww.shoeisha.co.jpというドメインのサイトには18,000件のページが存在すると認識されている」ことがわかります。

■図3-10：siteコマンドの使用例

○ siteコマンドのその他の使い方

siteコマンドはドメイン単位だけでなく、サブドメインやディレクトリ配下に絞っての利用も可能です。分析対象のサイトが複数の商材を同じドメインで展開しているような場合に活用してください。

④主要ページのtitleやh1、テキストボリュームを調べる

○ titleタグとh1タグの調査

次は主要なページのtitleタグやh1タグを調査します。この2つのタグはSEOにおける最重要タグといえるものであり、競合サイトがSEOに注力しているのであれば、これらのタグを見ることでどんなキーワードを重要視しているのか、およその想像がつきます。サイト構造によっても違いはありますが、下記のページのタグを調べておくとよいでしょう。

なお、多数のページを調査したいときには、「16 サイト設計のポイントを知りたい」で紹介したWebsiteExplorerを使用するとスムーズです。

・トップページ
・一覧ページ
・商品、サービスの詳細ページ
・①でチェックした際に上位に表示されていたページ

○ テキストボリュームのチェック

また、それらのページのテキストボリュームもあわせてチェックしましょう。そのときには、ヘッダーやフッター、サイドバーなどの共通パーツ部分は無視し、コンテンツのメイン部分に表示されているテキストのボリュームをチェックしてください(図3-11)。共通部分にいくらテキストが多くても、Googleはあまり評価をしない傾向があります。

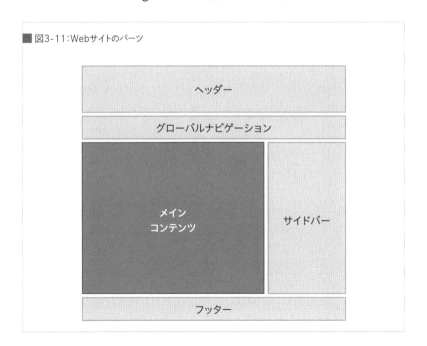

■ 図3-11：Webサイトのパーツ

テキストボリュームをチェックするときには、Google Chromeの拡張機能「選択したテキストの文字数カウント」が便利です。この拡張機能を導入すると、右クリックメニューから選択したテキストのカウントができるようになります（図3-12）。

> **選択したテキストの文字数カウント**
> URL https://chrome.google.com/webstore/detail/ 選択したテキストの文字数カウント/pjeionogfblmjkolhpeojlpgbhdaiodd?hl=ja

■図3-12：選択したテキストの文字数カウント

⑤リンクをチェックする

○ トップページ／グローバルナビゲーション

通常、トップページやグローバルナビゲーションに設置される内部リンクは、そのサイトにとって重要なページです。どのページに対してリンクをしているのか、リンクアンカーテキストが何なのかを調べること

で、分析対象のサイトがどんなキーワードに注力しているのかがわかります。

○パンくずのリンクをチェックする
パンくずリストをチェックすることで、どんなサイト構造をしているのか、あるいはどんなサイト構造であるとGoogleに認識させたいのかを推測できます。

🔍 自社サイトの改善につなげる

○調査結果を自社サイトの改善に活かす
調査だけをして終わってしまってはただの自己満足で意味がありません。調査をした結果、競合に負けているポイントを改善していく必要があります。

○インデックス数が負けている場合
基本的には、競合を上回るインデックス数になるようページの追加を行っていきます。ただし、ユニークなテキストがほとんど入っていなかったり、ユーザーの役に立たないページを無理に追加したりする必要はありません。競合がどんなページでインデックス数を稼いでいるのか確認したうえで、それよりも中身の濃いページを追加していきましょう。
競合サイトのインデックスの多くを中身が薄いページ（数行しかテキストの入っていない商品ページが多数ある／似たような一覧ページが多数ある）が占めていた場合には、無理にインデックス数で勝とうとする必要はありません。

○自社サイトで対策していなかったキーワードに注力している場合
キーワードプランナーで検索ボリュームを確認したり、Google Analyticsで過去のCVキーワードを確認したりしたうえで、対策を行った方がよさそうであれば、それらのキーワードでの対策を実施しましょう。

現在のtitleやh1に自然に組み込めそうであればそれらのキーワードを追加します。自然に組み込めなさそうであれば、それらのキーワードをテーマとしたページを追加してください。

◉ 各ページのテキストボリュームが負けていた場合
　テキストボリュームの増強を実施しましょう。デザイン面やUI面での懸念が出る場合もあるかと思いますが、メインコンテンツ部分の下部の方に設置するのであればそれほど大きな問題は出ないはずです。

CHAPTER 3 | 本気の対策編

37 インデックスが進まないときの対策を知りたい

3行でわかる！
- ☑ 検索エンジンに関する設定、サイトの重さ、内部リンクの存在を確認する
- ☑ SearchConsoleの「Fetch as Google」を使うかサイトマップ登録を行う
- ☑ Google+やTwitterなどのSNSでシェアをする。手持ちのブログなどからリンクする

新規サイトや新コンテンツを立ち上げたのにインデックスされない

　新しいサイトやコンテンツを立ち上げたのに、インデックスがなかなか進まないという現象が起こることがあります。大抵の場合は時間が解決してくれますが、根本的な設定を誤っていることが原因の場合は、いつまでもインデックスが進まないことになります。インデックスされていなければ当然、検索流入は望めません。ここでは、インデックスが進まないときに行うべきチェックや対策について説明します。

基本的なミスがないか確認する

○単純なミスの場合が多い

　先述していますが、GoogleはGooglebotというクローラーを使ってWebページの存在を確認し、インデックスを行っています。そのため、Googlebotを拒否する設定にしてしまっていたり、下層ページをたどれない構造になっていたりするとインデックスが進まないことがあります。

　基本的な事柄が多いですが、凡ミスが原因でインデックスが進まないケースは意外なほどよく目にします。「こんなミスをするわけがない」と思わずに、ひと通り確認することをおすすめします。

○ noindexタグやrobots.txtでクローラーを拒否していないか

制作途中のサイトをユーザーに見られないように、noindexタグやrobots.txtでインデックスを拒否して制作を進めるケースがあります。本番リリース時にnoindexタグの設定がそのままになっていないか確認してください。

ベーシック認証をかけたままにしてしまっていないかも確認した方がよいでしょう。関係者のみでチェックをしていると、パスワードを自動入力にしているために気がつかないことがあります。

○ サーバー側でGooglebotからのアクセスを拒否していないか

Googlebotはサイト内のページを網羅するようにアクセスするため、アクセス数が多くなりサーバーに負荷をかけてしまうことがあります。また、Googlebot以外のクローラーも世の中にはたくさんあり、中には常識外れの頻度でアクセスを繰り返し、多大なサーバー負荷をかけてくるものがあります。

そうした問題が起きたときに、サーバーの運用担当者がクローラーからのアクセスを遮断してしまうケースがあります。タチの悪いクローラーは拒否して問題ありませんが、Googlebotからのアクセスは拒否しないよう注意してください。

○ サイトが極端に重くないか

Googlebotは普通のユーザーと同じようにサイトにアクセスし、データを収集していきます。サイトがあまりに重たいと、Googlebotは巡回を諦めてしまいます。重いサイトはユーザーにとっても使いにくいので、極端に重い場合にはサーバーを乗り換えたり、画像を軽くしたりするなどして高速化をしてください。

○ 内部リンクは存在するか

Googlebotは基本的にリンクをたどってページを認識します。どのページからもリンクが設置されていないページは、Googlebotも発見できません。新しいコンテンツを追加したときには、すでにインデッ

スされているページからリンクを設置して、Googlebotがスムーズにページを発見できるようにしてください。

基本的なミスはしていない、または解決したら

基本的なミスはなかった、あるいは解決をしたら、Googlebotを呼び込んでインデックスを促します。ページのリニューアルを行うなどして、最新の状態をインデックスし直したいときにも有効な方法です。

SearchConsoleで「Fetch as Google」を行う

1「Fetch as Google」にアクセスする

インデックス・再インデックスさせたいページ数が少ないときには、この方法が便利です。SearchConsoleの左メニューにある「クロール」から「Fetch as Google」にアクセスし、インデックスさせたいページのURLを入力して「取得」をクリックします（ページ数が多いときは、サイトマップを再送信してください）。

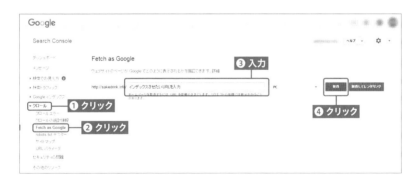

「このURLのみをクロールする」か「このURLと直接リンクをクロールする」が選べるので、状況に合わせて選択してください。

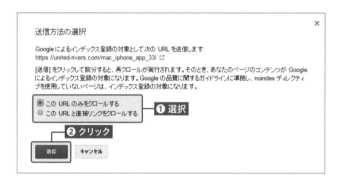

2 インデックスを送信する

少し待つと下図のような表示になるので、「インデックスに送信」をクリックしてください。

エラーが表示されず、ステータスが「完了」となれば無事完了です。

「Fetch as Google」を行っても効果がないときは

○ 時間を空けて再度試す／ミスをもう一度確認する

なかなか受け付けられないことがあるので、その際は何回か「インデックスに送信」を繰り返してください。時間をずらして何回か試しても受け付けられないときは、サイトが重すぎるなどの原因でGooglebotがうまく巡回できていない可能性があります。

「権限がありません」などのメッセージが表示される場合は、Googlebotを拒否しているなどの問題が発生しているということなので、前述の「基本的なミス」に挙げたミスをしてしまっていないか再度確認をしてください。

○ サイトマップを更新して再送信する

追加や修正をしたページが多数ある場合は、Fetch as Googleよりもサイトマップの送信が便利です。サイトマップの追加も、Search Consoleから行うことができます。

○ SNSでシェアや手持ちのブログからリンクを設置する

Fetch as Googleやサイトマップの再送信を行ってもなかなかインデックスされない場合があります。その場合は、外部からのリンクを行うことでインデックスされる場合があります。

確実な方法ではありませんが、どうしてもインデックスが進まない場合にはGoogle+やTwitterでURLをシェアしたり、手持ちのブログやHPなどからリンクを張ってみるとよいでしょう。ただし、ブログやHPからのリンクはやり過ぎるとスパム行為ととらえられてしまいますので、1～2本程度に留めておいたほうが安全です。

CHAPTER 3 | 本気の対策編

38 スマートフォン向けのSEO対策を知りたい

3行でわかる！
- ☑ スマホとPCで検索結果は異なるが、PCでの検索結果が土台となっている
- ☑ Googleの「モバイルフレンドリー」要件を満たすようにする
- ☑ 「モバイルフレンドリーテスト」に合格すれば問題なし

🔍 スマートフォン向けに特別なSEO施策は必要なのか

○ スマートフォン向け検索結果の導入

　Googleは2015年4月から、PC向けの検索結果とは別に、スマートフォン向けの検索結果を導入しました。PCとスマートフォンでは画面の大きさや操作方法が異なるため、よりスマートフォンで操作しやすいサイトを優遇しようという考えで導入されたものです。

　この発表がされた当時はSEO業界が大騒ぎになりましたが、蓋を開けてみると、PC向けの検索結果とスマートフォン向けの検索結果にあまり大きな変化は起きず、肩透かしを食らった気分であったのを覚えています（余談ですが、ここ数年Googleが事前発表するアルゴリズム変更は前評判ほどの影響がないことがほとんどです）。

○ スマートフォンの最適化

　しかし、検索順位に大きな影響がないといってもスマホからアクセスするユーザーは右肩上がりに増えていますし、アルゴリズムの調整が入る可能性もあります。メリットはあってもデメリットはないと思いますので、スマートフォン最適化を行うことをおすすめします。

Googleが考える「モバイルフレンドリーなサイト」とは

Googleはどんなサイトを「モバイルフレンドリー」、すなわちスマートフォンで閲覧しやすくなっていると考えているのか、Googleの公式ブログから要件を引用します。

- 携帯端末では一般的でないソフトウェア（Flash など）を使用していないこと
- ズームしなくても判読できるテキストを使用していること
- ユーザーが横にスクロールしたり、ズームしたりする必要がないよう、コンテンツのサイズが画面のサイズと一致していること
- 目的のリンクを簡単にタップできるよう、それぞれのリンクが十分に離れた状態で配置されていること

出典：Google ウェブマスター向け公式ブログ：検索ユーザーがモバイル フレンドリー ページを見つけやすくするために
URL http://googlewebmastercentral-ja.blogspot.jp/2014/11/helping-users-find-mobile-friendly-pages.html

かなりシンプルな要件です。「スマートフォン最適化」というと大仰な対応が必要に感じるかもしれませんが、実はそれほど特別な対応は必要ないのです。

モバイルフレンドリーテストを実施する

自分のサイトがこれらの基準に対応しているかどうかは、Googleが提供している「モバイルフレンドリーテスト」で簡単にチェックできます。

モバイルフレンドリーテスト
URL https://www.google.com/webmasters/tools/mobile-friendly/

チェックしたいWebページのURLを入力して「分析」をクリックすると、下図のようなフィードバックを返してくれます。もし「モバイルフレンドリーではありません」と診断されても、左に表示される「ページがモバイルフレンドリーではないと判断される可能性のある理由」を見て、それを解消すれば問題ありません。

CHAPTER 3 | 本気の対策編

39 スマートフォン対応時のURLはどうしたらよいか知りたい

> **3行でわかる！**
> - ☑ 方法は「ダイナミックサービング」「レスポンシブウェブデザイン」「別々のURL」の3通り
> - ☑ 「ダイナミックサービング」「レスポンシブウェブデザイン」がおすすめ
> - ☑ 「別々のURL」はミスが発生しやすいので注意

🔍 レスポンシブウェブデザインは有利？

　スマホ向けのSEOを語る際によくいわれるのが、「Googleがレスポンシブウェブデザインを推奨しているからSEOに有利」というものです。レスポンシブウェブデザインとは、同一のURLを使い、ブラウザの幅に合わせてデザインを変更することで、PC・スマートフォンにかかわらずどんな閲覧環境でも快適にWebページを表示できるようにする手法です。

　では、レスポンシブウェブデザインがSEOで本当に有利なのかというと、はっきり言ってそんなことはありません。Googleがレスポンシブウェブデザインを推奨しているのは、リダイレクトのミスが発生したり、PCとスマホで違うコンテンツが表示されてしまったりするような事故を防ぎやすいからでしょう。

　スマホ最適化対応のためにはいくつかの方法がありますが、レスポンシブウェブデザインにこだわる必要はなく、自社で導入しやすい方法を取れば問題ありません。

🔍 スマートフォン対応時の3つの方法

　スマホ対応を行うためには、PCからアクセスされたときと、スマホからアクセスされたときで、異なる表示を行う必要があります。それに

は、「ダイナミックサービング」「レスポンシブウェブデザイン」「別々のURL」の3つの手法があります（表3-4）。

①ダイナミックサービング

ダイナミックサービングとは、ユーザーがアクセスしてきた端末を認識して、それに合わせて異なるHTMLを動的に配信する手法です。UA（ユーザーエージェント）という端末ごとに設定されている情報をもとに、配信の切り分けを行います。

②レスポンシブウェブデザイン

レスポンシブウェブデザインは、ユーザーが閲覧しているブラウザの幅に合わせてコンテンツの配置などを調整し、閲覧しやすくする手法です。

③別々のURLで配信

PC向け、スマホ向けに別々のURL（例：example.com/、example.com/sp/）でページを用意し、アクセスしたユーザーの端末に応じてリダイレクトをして振り分ける手法です。

■ 表3-4：各手法の比較

手法	URL	切り分け方	配信されるHTML	リダイレクト	端末ごとのカスタマイズ性	メンテナンス性
ダイナミックサービング	同一	UA	別々	なし	○	△
レスポンシブウェブデザイン	同一	ブラウザの幅	共通	なし	△	○
別々のURL	別々	UA	別々	あり	○	△

🔍 SEO対策しやすいのは?

○「ダイナミックサービング」か「レスポンシブウェブデザイン」がおすすめ

どの手法も一長一短があるため、一概にどれがよいとは言い切れないのですが、SEOの手軽さから言えば、ダイナミックサービングかレスポンシブウェブデザインかのどちらかがおすすめです。

別々のURLで対応すると、SEOでケアしなければならないポイントが多く、ミスが発生しやすいのがその理由です。なお、どうしても別々のURLにしないといけない状況にある場合は、「40 PC・スマートフォンで別々のURLのときの対策を知りたい」を参照してください。

ダイナミックサービングか、レスポンシブウェブデザインのどちらを選ぶかは、サイトの性質や制作担当者のスキルによって判断してください。

○ ダイナミックサービングに向いているサイト

一般に、複数の検索条件を組み合わせたりするような複雑なサイトの場合は、レスポンシブでは使いやすく設計するのが難しいので、ダイナミックサービングでの実装をおすすめします。

○ レスポンシブウェブデザインに向いているサイト

反対に、構造が単純なサイトは、レスポンシブウェブデザインの方が開発や運用の工数を抑えられてよい場合が多いでしょう。WordPressのような人気CMSではレスポンシブウェブデザインに対応したテーマも増えてきているので、導入のハードルは低くなっています。

🔍 Googleにスマホ対応ページとして認識されたかを確認するには

実際にスマホ対応ページとしてGoogleに認識されているかどうかは、スマホから検索をした結果に「スマホ対応」のラベルが表示されているかどうかで確認ができます(図3-13)。

スマホ最適化対応を済ませて、モバイルフレンドリーテスト(「38 ス

マートフォン向けのSEO対策を知りたい」を参照）でも合格をしているのに、この表示がされていない場合は、対応後のページがまだインデックスされていない可能性があります。そのような場合はFetch ad Googleやサイトマップの再送信を行って、再インデックスを促してください（「37 インデックスが進まないときの対策を知りたい」を参照）。

■ 図3-13「スマホ対応」のラベル

Column　タブレット対策は必要?

iPadの発売以降、タブレット型の端末も徐々に普及が進んできました。家庭内だけでなく、企業が従業員に配布するケースも増えてきています。こうなると気になるのが、「タブレット向けにも特別なSEO対策が必要なのか？」という点です。

結論から言えば、タブレット向けに特別なSEO対策は不要です。スマホと違って、Googleはタブレット向けに特別なアルゴリズムは用意しておらず、PC向けと同じ検索結果を表示しています。タブレットは画面が大きく、PC向けサイトをそのまま扱えると考えているのでしょう。普及してきているとはいえ、まだまだタブレットの利用者数が多くないことも理由の1つだと思われます。

しかし、SEOを抜きにすると、タブレットでの利用を考えた、ちょっとしたケアは必要です。タブレット向けに最低限考えておくべきポイントは下記の2点です。

タップできる領域を大きくする／タップできる領域同士の間隔を広くする
タブレット端末は、マウスではなく指でタップして操作をします。マウスと違って繊細な操作が難しい端末です。クリックできる領域が小さかったり、領域同士が密集していたりすると、途端にユーザビリティを損ねます。

ロールオーバー表現に頼らずに操作できるようにする
ロールオーバー表現とは、カーソルを要素の上に載せたときに機能する表現です。「マウスオーバー」や「オンマウス」とも呼ばれます。タブレット端末にはカーソルという概念がないので、ロールオーバー表現が基本的に機能しません。そのため、ロールオーバー表現を前提にしたサイトを作ってしまうと、タブレットでは操作しにくいサイトになってしまいます。

CHAPTER 3 | 本気の対策編

40 PC・スマートフォンで別々のURLのときの対策を知りたい

3行でわかる！
- 「スマホ向けURLがあること」「実質的に同じ内容であること」を示す
- 可能な限りPCと同じURL構造にする
- 別々のURLはなるべく避ける

別々のURLで実装する際に必要なタグ

◯ PCとスマートフォンでURLが異なるとき

本書では、前節で解説したようにダイナミックサービングまたはレスポンシブウェブデザインにして、PCとスマートフォンで同一のURLにすることを推奨しています。

しかし、環境の問題などにより別々のURLでしか実装できないこともあるでしょう。その場合は、Google向けに「スマホ向けに別のURLが存在すること」と「それらのページが実質的には同一であること」を伝える必要があります。

◯ PC向けページに「rel="alternate"」タグを設置する

「alternate」とは「代替物」の意味です。HTMLのheadセクション内にこれを記述して、このページにはスマホ向けのページがあるということをGoogleに伝えます。

```
<link rel="alternate" media="only screen and (max-
width: 640px)" href="http://example.com/sp/" />
```

○スマホ向けページに「rel="canonical"」タグを設置する

スマホ向けページには「25 似たページの中でオリジナルを示したい」で解説している「rel="canonical"」タグを設置します。「PC向けと同じようなページだけれど、もとはPC向けなので重複コンテンツ扱いしないでください」とGoogleに伝えます。

```
<link rel="canonical" href="http://example.com/" />
```

設置時の注意点

○同じコンテンツのページ同士でalternate、canonicalの指定を行うこと

ありがちなミスの1つですが、全ページのalternateやcanonicalがトップページを向いているなど、対応が正しく指定されていないことがあります。これらのタグは「PC向け、スマホ向けの違いはあるが、実質的には同じページである」ことをGoogleに伝えるためのものです。同じコンテンツ同士を正しく指定してください。

○可能な限りPCと同じURL構造にすること

URL構造が異なっていると、alternateやcanonicalのロジックが複雑になってミスを誘発しやすくなります。ディレクトリに/sp/が入るだけで残りは同じにしたり、サブドメインを変えるだけにしたりするなどして、URL構造がPC向けとスマホ向けでなるべく同じになるようにしましょう。

○ページ数がずれる場合には無理に指定しない

PC向けとスマホ向けで、一覧ページの表示件数や長文記事の分割数を別々にすることがあると思います。このような場合は2ページ目以降に無理にalternate、canonicalを指定する必要はないとの見解をGoogleは発表しています。

🔍 別々のURLは極力避ける

　このように、PC向けページとスマホ向けページのURLを別々にするとSEO面でケアしなければならない点が多いため、可能であれば避けたい実装方法です。リダイレクトが入って表示速度がわずかに下がってしまうのもよくありません。

CHAPTER 3 | 本気の対策編

41 SEOに有利なドメイン・URLにしたい

> 3行でわかる！
> - ☑ 基本的にSEOに有利なドメイン・URLというのは存在しない
> - ☑ 有利なURLはないが、不利なURLにしないよう気をつける
> - ☑ ソーシャルでのシェアを考えて、短いURLにするのがおすすめ

🔍 SEOに有利なドメイン・URLは存在しない

　新規サイトを立ち上げるときによくある要望の1つに、「SEOに有利なドメイン・URLにしたい」というものがあります。しかし、結論から言ってしまうとSEOに有利なドメインやURLは存在しません。

　一昔前は日本語ドメインや日本語URLが有利だった時代もありますが、いまはまったく影響がありません。GoogleはURLに意味を持たせるよう推奨していますが、これもあまり意味がないです。URLに意味を持たせるために手間ひまかけるくらいなら、そのぶんの労力をコンテンツ追加などの施策に振り分けた方がよいでしょう。

　しかし、SEOに不利なURLというものはあります。ドメインやURLを決めるときは、下記の2点に注意してください。

🔍 SEOに不利なURL構造

○不要なパラメータやセッションIDを含んだ長過ぎるURLにしない

　不要なパラメータなどを含んだ長過ぎるURLは、Googleにうまくインデックスされなかったり、ユーザーがリンクを張るときに省略をされてしまったりする可能性があります。

　無駄に長いURLにはせず、なるべく短くてシンプルなURLにしましょう。その方がソーシャルメディアでのシェアもされやすいです。

◎同じページに複数のURLを発行しない

　同じページに複数のURLが発行されていると重複コンテンツと見なされてしまったり、リンクが分散してしまったりする恐れがあります。1つのページには1つのURLが発行されるようにしてください。システムの都合などでどうしても複数のURLが発行されてしまう場合には、「25 似たページの中でオリジナルを示したい」で説明したcanonicalタグを使って、正規のURLをGoogleに示してください。

　どちらも動的に大量のページを生成しているECサイトやポータルサイトに起こりがちな問題ですので、そうしたサイトを運営・設計する際は注意してください。

> **Column　ディレクトリ階層もSEOを意識する必要はない**
>
> 昔のSEOではURLのディレクトリ階層を整理することでGoogleへサイト構造を伝えるのが有効でしたが、現在はパンくずリストで構造を伝えられるので、これも気にする必要がありません。むしろディレクトリ階層に凝り過ぎるとページを移動したときや、リニューアル時のリダイレクト管理が大変になるので、なるべく簡潔にすることをおすすめします。

CHAPTER 3 | 本気の対策編

42 終了したキャンペーンページや商品ページは削除すべき?

> **3行でわかる!**
> - ☑ 基本的に削除すべきでない
> - ☑ ページにたまった評価を手放してしまうことになる
> - ☑ 終了したキャンペーンや販売終了した商品の情報を探している人もいる

🔍 ページは削除しないのが基本

○ ページ削除は資産を捨てているようなもの

終了したキャンペーンページや販売終了した商品ページ。なんとなく邪魔な気がするし削除してしまいたい……と思う気持ちはわかります。しかし、一度作ったページを削除するのは非常にもったいないことです。

基本的に一度Googleにインデックスさせたページを単純に削除するのはありえないと思ってください。一度Googleにインデックスされた以上、そのページには一定の評価がたまっています。サイト全体のSEO評価はページの総和で決まるので、安易にページを削除するのは、自ら資産をどぶに捨てているようなものなのです。

○ 終了していてもユーザーに役立つことも

たとえ終了していても、過去に参加したキャンペーンについて調べたり、買って手元にある商品の情報を調べたりしたいユーザーはいるでしょう。終了したキャンペーンページや商品ページを残しておくのは、そうしたユーザーに役立つことでもあります。

🔍 削除すべきページ

ただし、検索流入のほとんどない、内容が薄く価値が低いページにつ

いては例外です。できればリライトや、ほかのページと統合するなどして価値を高めてやりたいところですが、昔のSEO施策の名残で自動生成されたページが残っている場合には困難でしょう。そのように、あきらかに検索ユーザーにとって価値がないページは削除してしまってかまいません。価値の低いページの対応方法については、下記で解説しています。

43 低品質になりがちなページの種類を知りたい
44 低品質なページを洗い出したい

似たようなキャンペーンを毎年行っている場合はどうする？

○ 重複コンテンツにならないために

クリスマスのセールなど、季節施策で発生しがちですが、毎年似たようなキャンペーンを繰り返し行っている場合には、SEO資産を引き継ぎつつ重複コンテンツとならないような配慮が必要です。

主に考えられる対応方法は以下の3通りでしょう。

> ①旧キャンペーンページのURLをそのまま利用して新しいキャンペーンを始める
> ②旧キャンペーンページから新キャンペーンページで301リダイレクトをかける
> ③旧キャンペーンページから新キャンペーンページにcanonicalを向ける

○ URL流用がおすすめ

この中でおすすめの方法は「①旧キャンペーンページのURLをそのまま利用して新しいキャンペーンを始める」です。

②でも問題ないように思えるかもしれませんが、毎年増えていくリダイレクトを管理していくのは大変でしょう。③も同様に管理が大変であるうえ、canonicalの本来の役割を考えると正しい使い方と言うには少

し疑問が残ります。たとえば、2014年のクリスマスセールページに、「2015年のクリスマスセールが正規ページ」という意味のcanonicalを設置するのは違和感があります。

　システムや運用上の都合で②や③の施策を取らざるを得ない場合には仕方がありませんが、なるべくなら①が望ましいです。また、③の手段を取る場合には、ページ内にわかりやすく最新のセールページへのリンクを設置しましょう。Googleはcanonicalを読み取りますが、ユーザーはリンクがないと最新のページへたどりつけません。

販売終了品の後継商品が出たらリダイレクトをかけてよいか

　後継商品とはいえ、販売終了した商品と新たに発売された商品は別物のはずです。それにもかかわらず、旧商品から新商品にリダイレクトやcanonicalをするのは正しくありません。たとえば、iPhone5を買いたくてアクセスしたのに、iPhone6のページに飛ばされてしまったら、ユーザーは話が違うとがっかりしてしまいますよね。

　後継商品が出たような場合には、旧商品のページに新商品ページへのリンクをわかりやすく設置しましょう。

43 低品質になりがちなページの種類を知りたい

3行でわかる！
- ☑ 価値の低いページはサイト全体の足を引っ張ることがある
- ☑ 価値の低いページはリライトや統合をして価値を上げる
- ☑ 少しの改善で競合より優位に立てることもある

ページの「低品質」とは何か

　パンダアップデートによって、オリジナリティの少ないコンテンツや、内容の薄いコンテンツは評価されないようになりました。そうした価値の低いページが多数サイトの中に含まれていると、サイト全体の評価を下げられてしまったり、低品質ペナルティを与えられたりしてしまうことがあります。

　Webサイトを長く運営しているとだんだんとページ数が増えていくもので、その過程で価値の低いページができてしまうのは避けがたいことです。特にパンダアップデート以前にSEO施策を行っていたWebサイトは要注意です。パンダアップデート以前は内容の薄いコンテンツであってもページ数を増やすのが有効だったため、その時期に低品質なコンテンツを量産してしまっている可能性があります。

低品質になりやすいコンテンツとは

○ 要注意なコンテンツの種類

　低品質になりやすい、特に注意が必要なコンテンツの例を挙げてみましょう。

- 用語集
- よくある質問(FAQ)
- 電話帳や住所データを使って量産したページ
- 地域名のかけ合わせなどで量産したページ
- 店舗詳細ページ
- 商品詳細ページ

　いずれも各項目にユニークなテキストが十分な量入っていれば問題ないのですが、数十字〜百数十字くらいの文言しか入っていないケースが多々あります。下記に、それぞれのケースでの対応策を列挙します。

○用語集／よくある質問(FAQ)の対応策
　リライトでテキスト量を増やすか、1ページにまとめてしまいましょう。統合前のページはそれぞれ新しいページにリダイレクトをかけるのを忘れないでください。ページ内リンクを使えばユーザービリティの問題も起こらないと思われます。むしろ、ごく短い用語解説やFAQであれば、ページ遷移せずに閲覧できた方がよいのではないでしょうか。

○量産したページの対応策
　テキスト枠を設置するなどして、ユニークなテキストを増量しましょう。現状で検索流入がほとんどないのであれば、削除やnoindexで対応するのも手です。

○店舗や商品詳細ページの対応策
　店舗詳細ページや商品詳細ページに決まりきった内容しか載っていないケースをよく見かけます。店舗詳細なら住所や電話番号、商品ページならカタログスペックしか掲載されていないようなケースです。このような場合は、スタッフやバイヤー、顧客からの声などを掲載してユニークなテキストの文量を確保しましょう。特にコモディティ商品の場合は、他社も同じような内容しか載せていないことが多く、100〜200字程度の追加でも優位に立てる可能性があります。

CHAPTER 3 | 本気の対策編

44 低品質なページを洗い出したい

> **3行でわかる!**
> - ☑ Google AnalyticsとWebsite Explorerを組み合わせて使う
> - ☑ 検索流入数がゼロまたは少ないページをチェックする
> - ☑ 価値を上げるのが難しいときはnoindexやページ削除で対処

価値の低いページの洗い出し方

　膨大なページ数がある場合、自分で見当をつけて価値の低いページを探していくのは困難です。かといって、Google Analyticsでは、検索流入数がゼロのページはそもそも表示されないため、見つけられません。

　そんなときには、Google AnalyticsとWebsite Explorer（「16 サイト設計のポイントを知りたい」を参照）を組み合わせて、検索流入数が少ない（あるいはまったくない）ページを洗い出すとよいでしょう。検索流入数が極端に少ないのは、残念ながら検索ユーザーに求められていないことが原因です。

Website ExplorerとGoogle Analyticsで低品質ページを洗い出す

1 Website ExplorerでURLを抽出する

　まず、Website Explorerを使って、調査したいサイトのURLをすべて抽出する必要があります。Website Explorerを立ち上げ、「アドレスバー」に調査対象サイトのトップページのURLを入力し、[Enter]キーを押します。

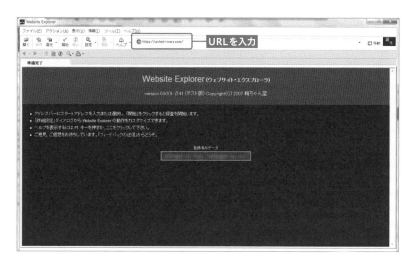

このような画面が表示されたら、調査が開始されています。処理が終わるまで待ってください。

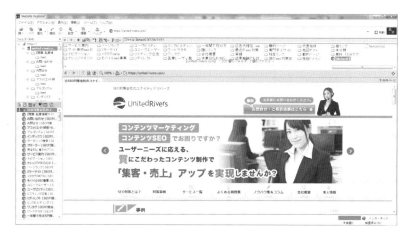

調査が完了すると、「サイト情報」という別ウィンドウが開きます。タブを「サイト内データ」に切り替え、TOPページを選択し（家のアイコンが表示されているページ）、右クリックかメニューバーから「CSV形式で保存」を選択してください。

下図のようなCSVファイルをダウンロードできます。

2 Google Analyticsでランディングページ一覧を取得する

Google Analyticsにアクセスし、左メニューにある「集客」から、「すべてのトラフィック」→「チャネル」と進み、「Organic Search」をクリックします。

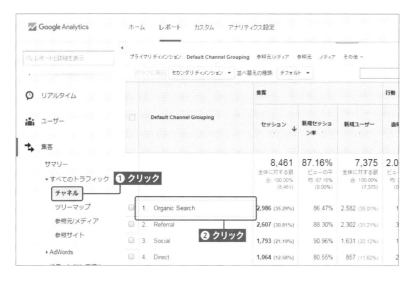

「ランディングページ」をクリックし、右下の表示件数を変更してすべてのランディングページが表示されるようにします。

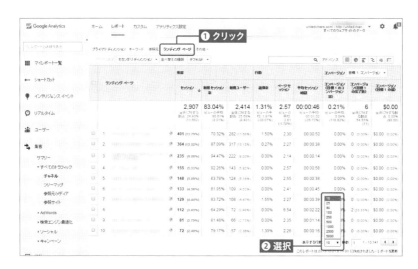

ページ上部の「エクスポート」からデータをダウンロードします。PDF以外であればどの形式でも大丈夫ですが、TSV形式だと文字化けせずExcelに貼り付けられるのでおすすめです。

ダウンロードしたデータをExcelやGoogleスプレッドシートに貼り付ければ、検索流入のあったページのURLとセッション数の一覧を作成できます。

3 取得した一覧をチェックする

　このデータをWebsite Explorerで抽出してきたサイト全体のURL一覧とぶつければ、検索流入数がゼロないし少ないページをリスト化できます。

　ページを1つずつチェックしていき、コンテンツの追記や統合によって価値を上げていきます(「43 低品質になりがちなページの種類を知りたい」を参照)。難しい場合にはnoindexをかけたり削除をしたりしてください(「24 似たページがあっても評価を下げられないようにしたい」を参照)。

CHAPTER 3 | 本気の対策編

45 実店舗への集客を増やしたい（ローカルSEO）

> **3行でわかる！**
> - 実店舗など、リアルの拠点へ集客する施策がローカルSEO
> - 実店舗はお店自身が最強の看板。店舗名の検索では必ず1位を取るように
> - Google マイビジネスへの登録は必須。地域情報サイトにもなるべく掲載する

ローカルSEOとは

「ローカルSEO」という言葉に明確な定義があるわけではありませんが、ここでは実店舗などリアルな拠点への集客を目的とするSEO施策をそう呼ぶことにします。ローカルSEOの特徴は以下のようにまとめられます。

- スマホの検索で見つけられることが通常のSEO以上に重要
- 地名掛けあわせのキーワードを狙うのがオーソドックスな戦略
- Googleマップの存在感が非常に強い

スマホの検索で見つけられることが通常のSEO以上に重要

◯ 地図アプリの普及

Googleマップに代表される使い勝手のよい地図アプリが普及したおかげで、外出先で行先を探すときにスマホを使うのはすっかり当たり前の行動になっています。一昔前であれば自宅で事前に調べ、印刷した地図を持ち歩くのが普通でしたが、最近ではプリントアウトした地図を持ち歩いている人を見かける機会はすっかり減りました。特にスマホに慣れたユーザーほど、わざわざ地図を印刷しなくても、現地で検索すれば

目的地がすぐに見つけられるという認識が広まっているのだと思います。

○キーワードの選定が重要

　逆にいえば、あらかじめ特定のお店に行くことを決めていたユーザーであっても、現地に着いてから検索で見つけられなければ来店を諦めてしまうかもしれません。

　外出先では時間をかけてじっくり検索してくれることもありませんので、特に店舗の屋号など、ブランド指名で検索されたときには必ず1位で表示されるようにしておきたいものです。

　「17 サイト名を決めるときのポイントを知りたい」でWebサイトのタイトル名を決めるにあたっての注意点を述べましたが、リアル店舗の屋号を決めるときにも同様の注意が必要です。検索されそうな一般的キーワードを含みつつ、競合しにくいユニークなフレーズも持ち合わせているのが理想的です。

地名掛けあわせのキーワードを狙う

○検索キーワード選定の失敗例

　たとえばの話をします。新宿のとある個人経営の居酒屋が、シメの「札幌ラーメン」が人気なので、「札幌ラーメン」での上位表示を目指してSEO施策を打ちました。キーワードプランナーで調べてみたところ、「札幌ラーメン」の検索ボリュームはかなり大きいようです。もし上位表示を実現できればきっと千客万来に違いありません。

　数カ月後、無事「札幌ラーメン」での上位表示を実現し、毎月数千件のアクセス増を達成しました。しかし、Webサイトを見て来店するお客さんは一向に増えません。これは一体何が原因だったのでしょうか？

○失敗の原因① アピールすべき特徴を間違えている

　このケースでは、2つの失敗を重ねています。1つ目は、打ち出すべき特徴を間違ったこと。ラーメンを食べたい人はラーメン屋を探しているのであって、居酒屋を探しているわけではありません。「札幌ラーメン」

で検索して訪れたユーザーは、「なんだ居酒屋じゃないか」と思ってサイトを離脱していたわけです。

○ 失敗の原因② 商圏を考慮していない

2つ目は、商圏を無視していることです。観光地などを除き、実店舗に足を運んでくれるユーザーはそのお店の商圏内にいるのが前提となります。「札幌ラーメン」で検索するユーザーは、ラーメンの一種である「札幌ラーメン」に関心があったか、札幌にあるラーメン店を探したかったかのどちらかでしょう。いずれにせよ、新宿にある居酒屋からは物理的にも心理的にも遠いユーザーだったのです。

○ 狙うべきキーワードの例

この居酒屋の例でいえば、本来狙うべきは「新宿 居酒屋」「新宿 飲み放題」「新宿 宴会」などの「地名×ジャンル・目的」のキーワード群だったのです。しかしこれらのキーワードはポータルサイトやまとめサイトが強く、単体サイトが上位に食い込むのは少々厳しいので、地名と掛けあわせるキーワードはもう少しニッチなもの（名物料理やサービス）にしてもよいと思います。

Googleマップの存在感が非常に強い

○ Googleマップの検索例

図3-14は、筆者のスマートフォンから「居酒屋」で検索した結果のスクリーンショットです。

「居酒屋」という単独キーワードで検索しているにも関わらず、私の現在地周辺にある居酒屋をピックアップして検索結果の上位に表示しています。これは、Googleが「きっとこれから行きたい居酒屋を探しているのだろう」とユーザーの意図を予測して検索結果を変更しているために起こる現象です。

PCでも同様の現象が起こりますが、GPSの関係でスマホの方が正確な位置情報に合わせた結果を返してきます。

■ 図3-14:スマートフォンで「居酒屋」を検索した例

○ 上位表示されるのはGoogleマップに登録しているお店

ここで上位に表示されているのは、Googleマップに登録されているお店だという点に注意してください。大手ポータルサイトに登録していると勝手にGoogleマップに掲載されることもありますが、基本的にはお店のオーナー自身が情報を載せることをGoogleは望んでいます。

Googleマップに正確な情報を掲載するには

○「Googleマイビジネス」への登録が必要

Googleマップに掲載されている情報は、Googleが独自に収集をしている、または提携しているサイトからの情報提供がもとになっています。Googleマップには信じられないほど大量の情報が載っているので、放っておいても勝手に載せてくれるものと誤解をしている人が多いですが、自分から動かないといつまで経っても正確な情報が掲載されないこ

ともざらにあります。自店に関する情報をコントロールし、正確性を保つためには、オーナー自ら情報提供を行った方がよいのは言うまでもありません。

Googleマップへの情報登録には、「Googleマイビジネス」への登録が必要となります。登録に費用はかかりませんので、リアルな拠点を持つビジネスに携わる方は必ず登録しましょう(図3-15)。

> **Googleマイビジネス**
> URL https://www.google.co.jp/intl/ja/business/

■図3-15:Googleマイビジネス

○できるだけ詳しい情報を登録する

Googleマイビジネスへの登録時には、ハガキによる認証か電話による認証のいずれかが必要になります。ハガキは登録したお店の住所に届き、電話も同様に登録したお店の電話番号にかかってきます。これはな

りすましを防ぐための処置です。業種によってはハガキによる認証しか行えないケースがあるようなので、時間に余裕があるときに登録をしておきましょう。事業内容や営業時間などの入力を求められるので、可能な限り詳しく・正確な情報を入力してください。

○ 少しの口コミで大きな効果を狙える

　Googleマイビジネスへの登録が無事完了したら、Googleマップ上にお店の詳しい情報が表示されるようになります。お店の表示順のロジックはSEO同様に複雑なものがありますが、Googleマップ上での「口コミ」の件数と評価の比重が高いようです。

　Googleマップに表示されるようになったら、口コミを書いてもらえるような施策をするとよいでしょう。サービスの影響力に対して口コミの件数がまだまだ少ないので、3〜4件口コミが増えただけで一気に表示されやすくなることも珍しくありません。

○ 無料地域情報サイトに可能な範囲で掲載する

　Googleマップ以外にも、世の中には地域情報を扱う様々なサイトがあり、店舗情報の掲載を無料で行えるものも少なくありません。あまりにもたくさんのサイトに掲載するとメンテナンスが大変になってしまいますが、可能な範囲で掲載をするとよいでしょう。露出経路も増えますし、本サイトへのバックリンク源にもなります。

　ただし、掲載するときには、お店の紹介文はコピペではなく1つ1つユニークな文言にしてください。これは重複コンテンツの判定を避けるためです。canonical（「25 似たページの中でオリジナルを示したい」を参照）で本サイトを指定できれば問題ありませんが、そんなサイトは滅多にありません。

🔍 ローカルビジネスに効くサービス

　以下に、無料で掲載できる地域情報サイトや、ローカルビジネスに活用できるサービスを紹介します（表3-5）。

■ 表3-5：ローカルサービスに効くサービス一覧

サービス	概要	URL
Jimdo	正確には地域情報サイトではないが、無料でHPを作成できるサービス。手軽で自由度も比較的高めで、自社サイトとして活用している事業者も少なくない	http://jp.jimdo.com/
Yelp	米国で高いシェアを誇るローカルビジネス向けの口コミサービス。外国人の利用者を多く見込めるため、訪日観光客を呼び込みたいなら登録して損はない	https://biz.yelp.co.jp/
エキテン	駅を軸にした地域情報サイト	http://www.ekiten.jp/charge/advtop/
エブリタウン	株式会社ぐるなびが運営する地域情報サイト。飲食店でなくても登録可能	http://everytown.info/account/entry_and_login
お店のミカタ	リクルートが運営する、店舗向けの無料Webサイト作成サービス。「街のお店情報 by Hot Pepper」というポータルサイトにも同時に掲載される	http://omisenomikata.jp/
NAVER まとめ	地域情報サイトではないが、商店街単位でまとめるなどすれば、露出増にもバックリンク増にも活用できる	http://matome.naver.jp/
食べログ	基本情報は無料で掲載できる（飲食店のみ）	http://owner.tabelog.com/owner_info/top
ぐるなびPRO for 飲食店	食べログ同様、飲食店の基本情報を無料で掲載可能	https://pro.gnavi.co.jp/entry/
Facebook ページ	Facebook上でお店の情報を告知できる。ドメインが強いため、開店したばかりだとブランドネームの検索でFacebookの方がしばらく上位に出続けることも珍しくない。ソーシャルシグナルを集める手助けにもなる	https://www.facebook.com/
Twitter	Facebookページ同様、ソーシャルシグナルを集める手助けになる。また、再来店の促進施策にも使える	https://twitter.com/

CHAPTER 4
ハイレベル対策／トラブル対応編

CHAPTER 4 | ハイレベル対策／トラブル対応編

46 コンテンツマーケティング／コンテンツSEOについて知りたい

> **3行でわかる！**
> - ユーザーに役立つコンテンツを作って集客するという考え方
> - 現在のSEOの主流
> - ロングテールSEOや自然リンク獲得にも役立つ

🔍 コンテンツマーケティング／コンテンツSEOの考え方

○ SEOに重要な点のおさらい

　ペンギン・パンダアップデートによって、小手先のSEOテクニックが重要な時代は終わりを告げました。HTMLなどの基礎的な知識があって、Googleが意図するところや検索ユーザーのニーズに対してアンテナが立ってさえいれば、誰でもSEOに取り組める環境がやってきたといってよいでしょう。

　CHAPTER1で解説しましたが、現在のSEOにとって重要なことは3つだけです。

- Googleに理解されやすいサイト構造にする（＝最低限の知識）
- 質の高いページの量を増やす
- 自然リンクを増やす

○ 高品質なページと自然リンク増の両立

　こうして箇条書きにするとシンプルなのですが、一番難しいのが「質の高いページとは何なのか」「自然リンクを増やすためにはどうしたらよいのか」という点です。質の低い、役に立たないページを紹介（リンク）したいと思う人は稀ですから、この2つの問題は表裏一体といえます。
　「質の高いページを増やし、自然リンクを増やしていく」という2点の

両立を目指すのが、コンテンツマーケティングとコンテンツSEOの考え方です。

🔍 コンテンツマーケティング／コンテンツSEOのメリット

○ コンテンツをビジネスの成果につなげる

　コンテンツマーケティングとコンテンツSEOを一緒にすると怒る業界関係者もいますが、基本的にこの2つを分けて考える必要はないと思います。定義はいろいろあるかと思いますが、「より喜ばれるコンテンツを提供して、ビジネスの成果を上げる」という点において、両者に違いはありません。

　SEOの観点から見て、コンテンツマーケティングやコンテンツSEOを実施するメリットは、主に以下の3点があります。

○ ①より多くのキーワードで集客できるようになる

　様々なコンテンツを追加していくことで、より多くの検索キーワードでユーザーに見つけられる可能性が高まります。本業に多少なりとも関連するキーワードでの流入であれば、コンバージョン（CV）に至る可能性もあるでしょう。一度訪れたユーザーをメールマガジンの会員にしたり、リターゲティング広告で追客したりして、CVに落とし込んでいくことも可能です。

○ ②情報量が増え、サイト全体の評価が上がる

　Googleは検索ユーザーを満足させられる、豊富な情報量を持つサイトを評価します。コンテンツマーケティングを進めていけば、サイトに情報が溜まっていきますので、サイト全体の評価が向上していきます。

　また、当然ではありますが、コンテンツが増えれば増えるだけロングテールSEO(※)に寄与します（図4-1）。

※特定のページに大量に流入させるのではなく、複数のキーワード、複数のページでアクセス数を積み上げていく方法のことです。

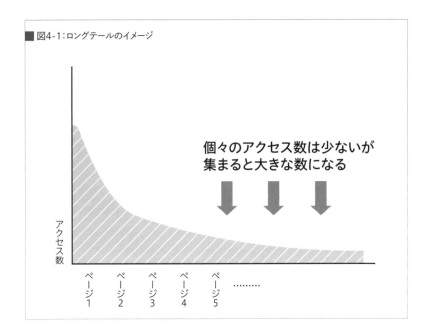

図4-1：ロングテールのイメージ

③自然リンクを獲得しやすくなる

単なる商品の紹介ページや、リスティングのランディングページはなかなかリンクを獲得できません。人が紹介したくなるコンテンツとは、役に立ったり面白かったりするものであって、事業者の売り込みページではないのです。

コンテンツマーケティングやコンテンツSEOの施策は、CMSを使ってコラムのようなコンテンツを追加していくことが多いです。そうした読み物ページは、「売りたい」という気持ちが全面に出たページよりも、ソーシャルメディアでシェアやリンクをされやすくなります。

CHAPTER 4 | ハイレベル対策／トラブル対応編

47 オウンドメディア開設・運営のポイントを知りたい

3行でわかる！
- ☑ オウンドメディアとは、自社が所有するメディアのこと
- ☑ テーマを絞りすぎず、CMSを導入してコンテンツの追加をしやすくする
- ☑ オウンドメディアはサブディレクトリに設置する

オウンドメディアが注目される理由

○オウンドメディアとは

　オウンドメディア（Owned Media）とは、その名の通り「自社が所有するメディア」のことです。インターネットが普及する以前までは、メディアといえばテレビ、新聞、ラジオ、雑誌の4マス媒体を指していました。しかし、インターネットが普及した現在では、大きな投資をしなくともメディアを構築することが可能になりました。個人ブログでも毎月数十万、数百万アクセスを誇るものがたくさんあります。

○スピードと費用にメリット

　オウンドメディアが注目されてきた理由はいくつかあります。マス広告の効果が下がって、企業が「非広告的な手段でユーザーの囲い込みをしたい」と考えるようになったこと。情報流通のスピードが変わり、自社の判断で即座に情報を発信できる環境が求められるようになったこと。そしてなにより、Googleのコンテンツ重視路線がいよいよ名実ともに現実化していることです。

　また、従来のマス広告に比べれば、低予算で実施できる点も見逃せないでしょう。手弁当でやれば人件費のみ、外注を頼っても毎月数十万円から、という費用でオウンドメディアの運営が可能です（マス広告並の予算をかけてオウンドメディアを運営している大手企業もありますが）。

参入可能な、あるいはすでに参入しているプレーヤーの数は、以前よりもずっと増えていると推測されます。

🔍 オウンドメディアは少し気楽に考える

◎ブログからオウンドメディアへ

「オウンドメディア」というといかにも新しいものに感じられますが、実は「企業ブログ」や「スタッフブログ」などと性質の変わらないものです。

昔のSEOではサイトテーマに関係ないページであっても、増やしていくことに価値がありました。そのため、「今日のランチ」のような第三者から見ればどうでもよいコンテンツが増えがちでした。ところがパンダアップデートの実装後は、「本業に関係のあるユーザーに役立つコンテンツ」が重視されるようになったため、ブログとはいわず、オウンドメディアという概念が注目されるようになりました。

◎「ファン」や「ブランド」などの言葉を意識し過ぎない

上記のことは「本業から離れすぎなければ、ユーザーにとって役立つコンテンツはSEOにおいて有利に働く」ともいえます。「オウンドメディアはファン作りのためだ、ブランディングのためだ」と主張する書籍や記事は無数にありますが、SEO的な側面から考えると、それにとらわれ過ぎるのは考えものです。コンテンツの制作費の高騰や自由度を束縛する恐れがあります。

もっと簡単に、「自社のお客様ならこういうコンテンツは役立ててもらえる、楽しんでもらえるだろう」という程度の感覚でオウンドメディアを運営していくことが肝要です。

🔍 オウンドメディア開設時のポイント

◎夢や理想を追いすぎない

専門誌などで取り上げられるオウンドメディアの成功例は、大手企業がふんだんに予算を投下して行ったものになりがちです。そうした事例

をそのまま真似ようとしても、普通の企業では困難です。繰り返しになりますが、もう少し肩の力を抜いた感覚で開設するようにしてください。

○ テーマは広めにする

自社の事業に密接している内容に集中しすぎると、すぐにネタ詰まりを起こしてしまったり、関心を持ってくれる層がニッチすぎてソーシャルメディアでのシェアが見込めなかったりします。自社事業を利用するユーザーのプロフィールを想像して、自社事業に直接関係なくても、その人が関心を持ってくれそうなテーマであれば許容するようにすべきです。

○ 校閲を厳しくしすぎない

コンテンツを内製する場合でも外注する場合でも、校閲が厳しすぎると執筆者の手が縮みます。遠慮しながら作った企画・記事は面白いものになりません。最低限のラインは定めつつ、企画者や執筆者のやる気を削がない、寛容な体制を取りましょう（図4-2）。

■ 図4-2：企画者や執筆者を縛り過ぎない

○ CMSで構築する

コンテンツを追加するたびにいちいちHTMLをコーディングしたり、FTPでアップしたりするなど、各部署のチェックが必要な体制になっていると運用コストが膨らんでしまいます。WordPressなどのCMSを活用して、ブログのように低工数でコンテンツの追加ができる環境づくりが重要です。

オウンドメディアはサブディレクトリに設置する

サイトの価値は、基本的にドメインごとに評価されます。サブドメインの場合でも別々のドメインとして評価されます。そのため、SEOを目的としてオウンドメディアを設置するときは、サブドメインではなくサブディレクトリに設置する必要があります。

以下に、本体サイトのドメインを「www.example.com」としたときの悪い例とよい例を挙げます。

> **悪い例**
> http://blog.example.com/ の配下にオウンドメディアを設置。
> →サブドメインのため、本体サイト「www.example.com」の評価向上につながらない
>
> **よい例**
> http://www.example.com/blog/ の配下にオウンドメディアを設置。
> →同一ドメインのため、本体サイト「www.example.com」の評価向上につながる

オウンドメディアでやってはいけないこと

○ 炎上を狙わない／人を不快にする攻撃的なコンテンツは作らない

挑発的な言葉を使用したり、Webの炎上案件に絡んだりすると、一時は話題となってアクセス数が急増しますが、その影で確実にアンチが増えていきます。

アンチの存在は目に見えづらいですが、何か些細な過失があったときに一気に牙をむき、大きな炎上に結びついてしまいます。万人に受ける表現はありませんが、むやみに敵を作る行為はするべきではありません。

○軌道に乗るまでは売り込みを避ける

　Webに限らず、大抵の人は売り込みされることを嫌います。それはオウンドメディアでも同様で、売り込みのにおいがするサイトは、シェアやファンの獲得が困難です。ある程度以上の規模までオウンドメディアが育つまでは、本業の成果につなげたい気持ちはぐっとこらえて、なるべく売り込みを避けることをおすすめします。

　ブランド名を冠するのを避けたり、セールスを目的としたページへの露骨な導線を設置したりしないようにしてください。

Column　WordPressはSEOに強いって本当?

WordPressとは、ブログ構築用に作られたオープンソース・ソフトウェアです。世界中に愛用者がいて、CMSとしては世界でも最大のシェアを誇っています。カスタマイズの自由度も高いため、ブログのみならず様々なサイトの制作に活用されています。

巷でよくいわれているのが、「WordPressで作られたサイトはSEOに強い」という言説です。これはある意味で間違いであり、ある意味で正解ともいえます。WordPressは最も普及しているCMSだけあって、カスタマイズの方法や、配布されているテーマも無数にあります。中にはSEOに強いものありますし、反対にSEOへの配慮がぜんぜん施されていないものもあるのです。

SEOにおいて重要なのは、「何をもとにサイトを作るか」ではありません。あくまでも「Googleにわかりやすい構造であるか」「検索ユーザーにとって有用なコンテンツを提供できているか」「自然リンクをどれだけ獲得できているか」が重要なポイントです。

一部の無知な(あるいは悪徳な)制作会社やSEO対策会社が、「WordPressで制作するのでSEOは万全です」といったセールスをしているようですが、そのような乱暴な言い方をする事業者は、SEOについてまったく知見がないと判断して問題ないでしょう。

ちなみに、筆者の会社で制作を受けるときもWordPressを利用することが多いです。WordPressを使うことで初期の制作コストを抑え、その分をコンテンツ制作などの予算に割り振ることができるうえ、依頼主の側でサイトの更新をすることも簡単だからです。

WordPressに限らず、どんなものでも使いようです。SEOに関して万能なツールはありませんので、「○○を使っているからSEO対策はばっちりです」というようなセールストークをする業者にはくれぐれも注意してください。

CHAPTER 4 ハイレベル対策／トラブル対応編

48 バズマーケティングについて知りたい

3行でわかる！
- ☑ バズマーケティングとは、ソーシャルメディア上での口コミの拡散を狙った施策
- ☑ 短期的な露出増よりも、中長期的な効果を重視する
- ☑ 100%狙って起こせるものではないので、継続的な取り組みが重要

🔍 バズマーケティングとは

○ ソーシャルメディアでの口コミを狙う

「バズ」とは、消費者の口コミを意味するマーケティング用語ですが、最近ではソーシャルメディア上で多くのユーザーに話題にされることを指す場合が多いです。本書でも、「バズ」はこの意味で使用しています。動詞的に「バズる」「バズった」などと使うことも多いですね。

「バズマーケティング」は、ソーシャルメディア上での爆発的な口コミの広まりを狙って起こすマーケティング手法です（図4-3）。広告予算の豊富な大手企業では、マスメディアも巻き込んでバズを狙った施策を行うケースがよく見られます。

○ 広告費をかけずに済む

普通の企業では、大手企業のようにPR会社を使ってマスメディアを巻き込んだ大規模なバズの仕掛けを打つのは困難でしょう。しかし、ソーシャルメディアが一般化した現在では、多大な広告予算をかけずともバズを狙える下地が整いました。いわゆる「拡散」という行為が一般化したためです。

これはネガティブな例になりますが、有名人でも大手企業でもない一般人のTwitterやブログが「炎上」しているのを目にしたことはないでしょうか？ そうした炎上の事例はまさに、多大な広告予算をかけずと

もバズは起きるのだというわかりやすい証明です。

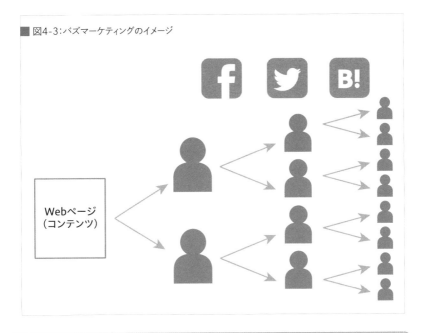

■ 図4-3：バズマーケティングのイメージ

バズを起こすメリット

　バズが起こるとアクセス数が急増します。数百人、数千人にシェアされるような大きなバズが起こったときには、1日で数千、数万の流入が生まれることもあります。しかし、バズのメリットはそれだけではありません。以下にメリットをいくつか挙げます。

- 短期的な流入増、露出増
- 流入と露出をきっかけにファンを増やせる
  （RSS購読者、ソーシャルメディアのファンやフォロワー）
- 個人ニュースサイトやブログなどからリンクされる機会が増える
- ソーシャルシグナルが増える（SEO面でのメリット）
- ソーシャルメディアと連携したサイトからのリンクが増える

2番目以降は、すべて中長期的に効いてくるメリットです。バズによる流入は一時的なもので、1日〜2日すれば落ち着いてしまいます（図4-4）。バズを起こせるかどうかには運も絡みますので、短期的なメリットだけに注目していると「常にバズらせなければならない」と思って視野が狭くなったり、炎上を狙いに行ってしまったりするような問題が起こりがちです。

■図4-4：あるサイトがバズを起こしたときのアクセス推移（1〜2日だけ爆発的にアクセスが増えるが、それが落ち着くと元の水準に戻る）

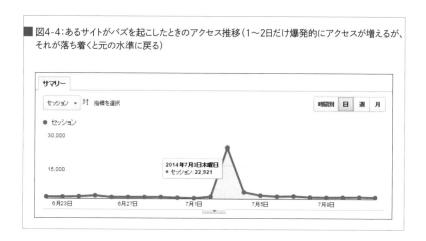

バズは繰り返し狙うことが大切

　バズによって増えた流入から成約が生じるケースは、多いとはいえません。バズ経由で来るユーザーの多くは、その事業者のサービスにもともと関心があったわけでなく、ソーシャルメディアを眺めていて、たまたま目に入ったから訪問していることがほとんどのためです。

　バズは狙って100%起こせるものではありませんが、狙わずに起こすことも難しいものです。「バズるかどうかは運の要素もある」ことを念頭に置いて、くじけずに何度も挑戦していく姿勢が重要です。

🔍 バズを狙う前にサーバーの準備を

　あなたのWebサイトはどんなサーバーで運用されているでしょうか。個人事業主や中小企業でしばしば目にしますが、月間数百円の格安レンタルサーバーで自社サイトやブログを運営している場合も少なくありません。

　そのようなサーバーだと、バズが起きたときの膨大なアクセス負荷に耐えられず、サイトが閲覧不能になってしまうことがあります。せっかくバズが起きたのに、サイトが見られなくなってしまっては意味がないばかりか、バズの勢いも失われてしまいます。

　毎月のコストを抑えたい気持ちはわかりますが、レンタルサーバー代を多少節約したところで、年間で数万円も変わりません。ぎりぎり間に合うレベルのサーバーではなく、少し余裕を持ったサーバーで運用するようにしてください。

　サイトの規模やつくりにもよりますが、WordPressベースのサイトやブログであれば月額1,000円〜2,000円くらいのレンタルサーバーを借りれば、十分にバズのアクセスにも耐えられます。

CHAPTER 4 | ハイレベル対策／トラブル対応編

49 バズを狙いたい①　初期露出の導線を用意する

> **3行でわかる！**
> - ソーシャルメディアなどへの導線を設け、ファンをためやすくする
> - ファンが増えれば増えるほど次のバズも起きやすくなる
> - 導線はコンテンツの末尾に設置する

ユーザーと継続して接点を持てる仕組みを用意する

　先述の通り、バズでやってくるユーザーのほとんどは特定の目的意識がなく、「ソーシャルメディア上でたまたま見かけたから」という理由でやってきています。しかし、中にはあなたの事業に関心を持つ人もいます。それに、もともとソーシャルメディアで積極的にシェアをしてくれる層でもあります。そうした層と継続した接点を持つことで、潜在顧客を増やしたり、次のバズを起こす確率を高めたりできます。

　バズを狙う際に一番苦労するのは、コンテンツ公開後の初期露出です。どんなによいコンテンツを作っても、見られなければ拡散されるチャンスもありません。継続して接点を持てるユーザーを抱えておくことで、初期露出を増やすことができます。

　バズを狙っていく際には、事前に以下に挙げるような施策を行っておき、バズでやってきたユーザーと関係が続くような仕組みを用意しましょう。

3つの導線を設置する

①ソーシャルメディアの公式アカウントへの導線

　公式FacebookページやTwitterアカウントへの導線を設置しておきましょう。そこからファンやフォロワーになってもらえれば、次の更新

情報などを公式アカウントで発信したときに見つけてもらいやすくなります。

○ ②RSSリーダー購読の導線
　RSSリーダーとは、ブログなどの更新情報を効率的に取得できるツールのことです。有名なものでは「Feedly」というツールがあります。RSSリーダーの利用者はソーシャルメディアの利用者に比べればずっと少ないですが、コンピュータリテラシーや情報発信力に優れたユーザーが多いので、軽視しないようにしてください。

○ ③メールマガジン購読の導線
　もう古いと思うかもしれませんが、メールマガジンはまだまだ有効なツールです。プライベートではLINEなどのメッセンジャーツールでのやりとりが普通になってきたとはいえ、ビジネスではまだまだメールが主流です。メールマガジンの発行をしているのであれば、積極的に購読を促しましょう。

○ 設置位置はコンテンツの末尾に
　なお、これらの導線を設置する位置は、コンテンツ本体の末尾がおすすめです。コンテンツを閲覧し終えて、次にやることがなくなっている状態なので、アクションを起こしやすい心理状態にあります（図4-5）。

■図4-5:ソーシャルボタンやフォローの導線はコンテンツ末尾に置く

> **そもそもSEOとは何か**
>
> SEOというと上位表示させることを目的とした手法を指すことが多いです。しかしそれは間違いです。
>
> Googleが目指すもの、それは「**そのキーワードで検索したユーザーが満足するコンテンツを表示する**」ということです。
>
> - ユーザーが求めている情報が書かれている
> - キーワードと書かれた内容の一致率が高い
> - オリジナルのコンテンツである

この記事が少しでもお役にたったら、Twitter、Facebook、はてブでシェアを頂けると励みになります。

フォローはこちら 役立つ情報配信がんばります。ぜひお願いいたします。

CHAPTER 4 | ハイレベル対策／トラブル対応編

50 バズを狙いたい② はてなブックマークを活用する

3行でわかる！
- ☑ はてなブックマークが集まれば、ほかのソーシャルメディアもついてくる
- ☑ 連携サービスやブログが多数あり、サイトからリンクが得られる
- ☑ 初期露出に成功すれば一気に火がつく構造がある

はてなブックマークはバズの登竜門

　バズのメリットはわかっても、その方法となると見当もつかない……という人は多いのではないでしょうか。ソーシャルメディアでの拡散を狙うといっても、Facebookをターゲットにするべきか、Twitterをターゲットにするべきなのかと悩んでしまうでしょう。

　ソーシャルメディアは多数ありますが、バズを狙うのに一番のおすすめは「はてなブックマーク」です。

はてなブックマーク
URL http://b.hatena.ne.jp/

　はてなブックマークとはソーシャルブックマークサービスです。「ブックマーク（お気に入り）」をオンライン上に保存して、ほかの人と共有できます（図4-6）。バズを目指す際のターゲットとして、なぜ「はてなブックマーク」を推奨するのか、その理由を解説していきます。

■図4-6：筆者のはてなブックマーク

ほかのソーシャルメディアもついてくる

　はてなブックマークにはTwitter、Facebookへの連携機能がついており、自分がブックマークをつけたページのURLやタイトルを、連携したSNSへ自動投稿できます。はてなブックマークが匿名制であることから、Twitterと連携しているユーザーが多いようです。そのため、はてなブックマークが集まると、ほかのソーシャルメディアの数字も一緒に取ることができます。

連携サービスやブログからリンクを得られる

○データを利用しているサービスは多い

　はてなブックマークは様々なデータをAPIとして公開しています。個人から法人まで、いろいろな人がこのデータを利用してサービスを開発しているため、はてなブックマークで話題になると、それらのサイトからリンクを得ることができるのです。APIを直接利用しているかはわかりませんが、グノシーなどのキュレーションサービスでも、はてなブックマークで話題となった記事は掲載されやすくなります。

○影響力のある個人サイトに掲載されやすい

　また、はてなブックマークを情報源としている古参の個人ニュースサイトに取り上げられやすくなるのも魅力です。個人ニュースサイトとは、2000年ごろに流行した個人サイトのジャンルの一種で、運営者が面白いと思ったニュースを紹介するサイトです。現在でも更新を続けている個人ニュースサイトはファンも多く、運営歴の長さからGoogleの評価も高いため、非常に優良なリンク元になります（図4-7）。

■図4-7：はてなブックマークのデータを利用した個人サイトの例（嫁のはてブ）

○個人ニュースサイトの効果の例

　個人ニュースサイトの効果を実感できる1つの例として、筆者の運営するサイトが「まなめはうす（URL http://homepage1.nifty.com/maname/）」という個人ニュースサイトからリンクを張られた際の流入量をお見せしましょう（図4-8）。

　このように、100人以上が流入しています。ユーザーが実際にクリックをしてくれる優良リンクであることがわかりますね。

■ 図4-8:個人ニュースサイト(まなめはうす)からの流入例

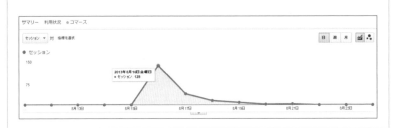

🔍 初期露出に成功すれば一気に火がつく構造がある

○ FacebookやTwitterとの違い

　メディアとして捉えた際に、FacebookやTwitterと、はてなブックマークには大きな違いがあります。FacebookやTwitterが基本的に「自分がつながっている人の投稿」を見るものであるのに対して、はてなブックマークは「みんなが話題にしているもの」を見る構造になっています。

　はてなブックマークのトップページは、図4-9のようにニュースサイトに近いです。上位に表示されるのは、多くのユーザーがブックマークした記事です。

■ 図4-9:はてなブックマークのトップページ

○「新着エントリー」がバズのカギ

はてなブックマークには「話題になりはじめた記事」がユーザーに見つかりやすくなるための機能が用意されています。それが「新着エントリー」です。新着エントリーは「暮らし」や「テクノロジー」など、はてなブックマークが分類するカテゴリに分かれています（図4-10）。

新着エントリーに入ることができれば、ほかのはてなブックマークユーザーの目にも留まりやすくなり、優良なコンテンツなら雪だるま式にブックマークの数が増えていきます。

このように、初期露出にさえ成功すれば、大きくバズが起きる可能性を持っているのが特徴です。新着エントリーへの入り方については、次節で説明します。

■ 図4-10：新着エントリー

CHAPTER 4 | ハイレベル対策／トラブル対応編

51 バズを狙いたい③ はてなブックマークの「新着エントリー」に入る

3行でわかる！
- ☑ 30分以内に「3はてブ」以上されることが1つの目安
- ☑ 公式アカウントやユーザーとつながることでブックマークされやすくする
- ☑ スパム行為をすると新着エントリーに表示されなくなるので注意

「新着エントリー」に入るには

○ 新着エントリーに入るための目安

　どういった基準で新着エントリーに入るのか、アルゴリズムの詳細は公開されていませんが、短時間に複数人からブックマークされると、新着エントリーに入るのは間違いありません。

　経験則になりますが、およそ30分以内に3人以上のユーザーからブックマークされると、「新着エントリー」に入ることが多いようです。ほかの記事との競合もありますし、アルゴリズムのチューニングも入っていると思われますので、絶対的な基準ではなく1つの目安として理解してください。

　なお、作ったばかりのアカウントや、ほとんど使用していないアカウントからのブックマークは評価に入らないようです。拡散目的だけで使っていると、そのような「死んだアカウント」になりやすいので、普段から利用しておきましょう。Webで話題になりやすい記事の傾向を学ぶことにもつながります。

○ はてブを集めやすくする方法

　短時間に複数のブックマークを集めればよいことがわかっても、その集め方が問題です。100%確実な方法はありませんが、はてブを集めやすくする方法は存在します。以下に詳しく書いていきます。

🔍 自分のアカウントをしっかり育てる、公式アカウントを作る

　はてなブックマークでは、運営者自身が自分のアカウントで1回ブックマークする行為を禁止していません。新着エントリーに入るためのブックマークの必要数は少ないので、自分でつけるブックマークは非常に大きなものになります。

　普段の運用では、自分のサイトだけをブックマークするのではなく、他サイトのページでも面白いと感じたものや有用なものは積極的にブックマークをして、アカウントを育てていきましょう。

🔍 はてなブックマークユーザーとつながる

○ ユーザーとつながる方法

　そもそも、はてなブックマークを使っているユーザーに発見されなければ、ブックマークをされることもありません。はてなブックマークのユーザーとつながることで、自分のアカウントから発信した情報を見つけてもらいやすくしましょう。

○ Twitterでユーザーを見つける

　はてなブックマークをTwitterと連携させている人の見つけ方を説明します。Twitter内の検索機能で「htn.to」と検索すると、はてなブックマークと連携しているTweetが表示されます。表示されたユーザーの中から親和性が高そうな人を見つけてフォローし、フォロー返しを狙ってください。

　気になったユーザーのアカウントがサイトやブログを運営していれば、その人のサイトをTwitter連携した状態でブックマークするのも有効です。はてなブックマークを利用しているサイト運営者は「1ブックマークの重み」を熟知していますので、ブックマークをすることで好印象を持ってもらい、フォローをしてもらいやすくなります。

🔍 「はてなブログPro」や「はてなブログMedia」を利用する

● ブックマークされやすい環境がある

　株式会社はてなは、「はてなブログ」というブログプラットフォームも展開しています。無料でも利用できますが、広告表示を消せる「はてなブログPro」を利用するとよいでしょう。月600円から利用できます（2015年12月現在）。

　これらのサービスは、はてなブックマークとも連携しています。はてなブックマーク側に「はてなブログ」の記事を紹介する枠があるなど、ブックマークされやすい環境が整っています。

● 各サービスの特徴

　ただし、はてなブログProはサブドメインしか利用できないため、本体サイトのドメイン配下に設置できません。SEOを主な目的とする場合には少し使いづらいので、露出が目的と考えて利用します。

　はてなブログMediaは法人向けのサービスで、初期費用・月額費用がかかる代わりに、サブディレクトリへの設置が可能になります。年間数百万円以上の予算をオウンドメディアに割けるのであれば、利用を検討する価値はあると思います。

🔍 はてなブックマークの広告枠を購入する

　はてなブックマークには有料の純広告枠があります。この枠を購入すれば、はてなブックマークユーザー向けに確実な露出が可能になるので、コンテンツの内容さえよければ大きな伸びが期待できます（図4-11）。価格は枠にもよりますが、1週間数十万円程度です。詳細は公式のメディアガイドを確認してください。

> **はてなメディアガイド**
> URL http://hatenacorp.jp/ads

■ 図4-11：はてなブックマークの広告枠の例

人気のあるはてなブロガーに寄稿を依頼する

　すでに人気のあるブロガーに寄稿を依頼するのも1つの手です。もともとファンがついているので、ファンからのブックマークや拡散が期待できます。特にはてなブログで活躍している書き手であれば、そのファンもはてなブックマークを利用している確率が高いです。

　単著を出版している人や、すでに多数の寄稿実績がある人は原稿料が高騰しがちなので、月数十万PVくらいの中堅ブロガーに依頼するのがよいでしょう。特に、初めて寄稿を依頼された場合には、ファンがお祝いのコメントとともにシェアをしてくれます。

　依頼の際には、連絡先を公開している場合はそちらから、連絡先が公開されていない場合にはブログのコメント欄やTwitterからアプローチをするとよいでしょう。

🔍 スパムと判定されてしまう行為に注意

◯ スパムとされる行為を把握しておく

はてなブックマークは、わずか数人が協力すれば新着エントリーに入る仕組みのため、それを悪用したスパム行為があとを絶ちません。それを防止するために、はてなブックマークでは様々なスパム防止策を導入しています。

スパム判定を受けると、はてなブックマークコメントページが「noindex」「nofollow」となり、新着エントリーなどに表示されなくなります。また、スパム行為を嫌悪するユーザーも多く、スパム行為が判明すると大きな炎上騒動にもつながりかねません。以下に、はてなブックマークでスパム行為とされている主要な行為を、公式サイトから引用します。

> ・複数のアカウントで共謀して同一のURLをブックマークする行為
> ・ブックマークの追加に金銭や物品などの報酬や特典を与える行為
> 　（当社が主催するキャンペーン企画などを除きます）
> ・特定の条件で自動ブックマークをする行為のうち、特に公正性に影響が出るもの
>
> 出典：はてなブックマークヘルプ「はてなブックマークにおけるスパム行為の考え方および対応について」
> URL http://b.hatena.ne.jp/help/entry/spam

◯「知り合いに頼む」は原則NG

新着エントリー入りを狙うにあたって、従業員や友人にアカウントを作成させて、タイミングを合わせてブックマークするといった行為が真っ先に思い浮かぶと思いますが、そうした行為はスパムです。プログラミングを組んで同様の仕組みを作るのも、もちろんスパムです。

スパムの検知アルゴリズムは当然公開されていませんが、下記のようなことを手がかりにスパム判定を行っているようです。

- いつも同じメンバーに最初の3ブックマークをしている
- 同一IPからアクセスした複数のアカウントがブックマークをしている
- 作ったばかりの複数アカウントがブックマークをしている

「いつも同じメンバー」や「同一IPからのアクセス」は、悪意がなくとも抵触してしまう可能性があるので注意しましょう。はてなブックマークの公式アカウントを企業で運用する場合には、従業員の自発的な協力が仇にならないよう、「はてなブックマークの利用は個人のスマートフォンなどから行い、会社のPCやWi-Fiを使用しないように」と告知をした方がよいかもしれません。

CHAPTER 4 | ハイレベル対策／トラブル対応編

52 バズが起きやすいコンテンツ企画の立て方を知りたい

3行でわかる！
- ☑ ブックマークするユーザーの5つの心理を理解する
- ☑ 過去にバズが起きたコンテンツを参考にする
- ☑ おもしろ記事でバズを目指すのはよほどセンスに自信がない限り鬼門

🔍 ブックマークするユーザーの「5つの心理」を理解する

○ 企画がブレないために

企画を立てる前に、はてなブックマークをするユーザーの心理を理解する必要があります。ここを押さえていないと、企画が明後日の方向にブレてしまいがちです。ユーザー心理は、以下の5つに大別できます。

○ ①また読み返したい／あとで読みたい

はてなブックマークの基本機能はオンラインブックマークです。ブラウザでお気に入り登録をするのと同様に、また読み返したいコンテンツや、読みきれずにあとで続きを読みたい記事がブックマークされます。

この心理に対して有効なコンテンツは、「一度で読み切れないボリュームのお役立ちコンテンツ」です。役立つツールやアプリなどのまとめ記事や、英語の勉強方法をまとめた記事などは、多くのブックマークを集めています。経験則になりますが、テキスト量で考えると、2000字以上ないとバズは狙いにくいです。

○ ②人によく思われたい／好ましい印象を与えたい

特にFacebookやTwitterと連携しているユーザーに見られる心理です。知的なコンテンツやユニークなコンテンツをSNS上でシェアをすることで、つながっている人たちに「この人は勉強家だな」「こんな面白

いものを見つけてくるなんてセンスがいいな」と思われたがっているわけです。
　この心理に対しては、仕事で役立つ知識をまとめた記事や、美しい写真が多数紹介された記事などが有効です。

○③自分で言い難いことを代弁させたい
　直接自分の口から言うと角が立つ話題でも、他者が作ったコンテンツのシェアという形であれば言及しやすくなります。たとえば、残業で毎日苦しんでいる会社員が、残業を廃止して生産性が上がった企業の事例紹介をシェアするときの心理です。
　間接的な形のガス抜きであったり、上司がそれを目にして考えを改めたりすることを期待しているわけです。ほかにも、自分では説明が難しいことを仮託する場合もあります。

○④怒り・義憤をぶつけたい
　社会正義に反した行いや、個人として許せない行為に対して正義の怒りをぶつけたいという心理です。カーっと頭に血が上ってコメントをする人もいれば、正義を振りかざすことに快感を覚える人もいます。ブラック企業をバッシングする記事などがこれにあたります。
　この心理は扱いが難しく、一歩間違えれば怒りの矛先が自分に向きかねません。基本的に、この心理を刺激する企画は避けた方が無難でしょう。せっかく話題になっても、それがネガティブな炎上では無意味どころかマイナスです。

○⑤過去にバズが起きたコンテンツを参考にする
　人が好む話題は似通っています。まったくの新奇なコンテンツはユーザーに理解されづらく、バズが起こる確率も低くなります。このあたりは直感と反するかもしれませんが、大きな話題を呼んだ新奇なコンテンツの背景には無数の失敗があるのです。「バズ＝新奇なコンテンツ」という先入観は捨てて、過去にバズが起きた記事に学びましょう。
　極端な話、まったく同じ内容のものでも複数回バズが起きることがあ

ります。図4-12は筆者の個人ブログのもので、1回目は273ブックマークを集めました。その後URLを変更してブックマークの数がいったんリセットされたのですが、再度バズを起こして140ブックマークを獲得しています。一度バズの起きた記事であっても目にしていないユーザーはたくさんいますし、目にしていても内容を忘れているユーザーは多いものです。

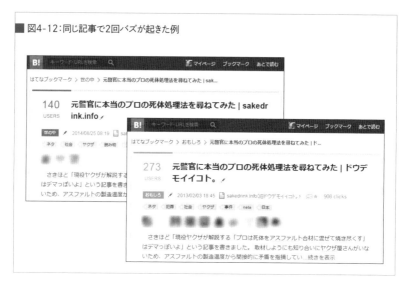

■図4-12:同じ記事で2回バズが起きた例

過去にバズの起きた記事を探すには、はてなブックマークの検索機能を利用します。UIに一癖あるので、使い方を以下で説明します。

はてなブックマークで過去にバズが起きた記事を探す

1 はてなブックマークにアクセスする

まず、はてなブックマークのトップページ(URL http://b.hatena.ne.jp/)にアクセスし、右上の入力フォームに自分のテーマにしたいキーワードを入力して、検索を実行してください。

2 検索の設定をする

次に、左メニューで検索設定を変更します。

検索対象
「タグ」もしくは「タイトル」を選択する

並び順
「人気」を選択する

期間指定
必要に応じて指定。テクノロジー関連の話題など、情報の鮮度が重要な場合は最近にしぼって検索する

このように検索すると、ノイズが減って効率よく調べられます。また、URLを入れて検索すると、そのURL配下にあるブックマークされたページの一覧を表示できます。参考にしているメディアやライバルサイトがある場合、一度確認してみるとたくさんのヒントを得られるでしょう。

はてなブックマーク以外では、NAVERまとめで検索してNAVERまとめ内の「お気に入り」や「view」数が多いものを参考にするのもおすすめです。

> Column **おもしろ系コンテンツはとても難しい**
>
> 「バズ＝新奇なコンテンツ」という先入観は捨ててくださいと書きました。世間的に「バズるコンテンツ＝お笑い的なコンテンツ」というイメージが根強いようで、バズについてクライアントと話をするとき、この認識のズレを修正するのに苦労することがしばしばあります（「バズ」という単語も知らない方も珍しくないですが。Web業界にいると当たり前のように使ってしまいますが、ほとんど業界用語ですね）。
> おもしろい、笑えるコンテンツの企画にはセンスが強く求められるため、極め

て属人的になってしまいます。一度当たったところで、同じ人の次の企画がまた当たるとは限りません。趣味のブログならそれでも問題ありませんが、ビジネスとして取り組むには再現性が低すぎると感じています。

それに、おもしろ系の企画は外れたときのダメージが大きいです。制作自体に工数がかかるのもそうですが、自分が面白いと思って企画したものが外れると「自分にはセンスがない」と証明されてしまったようで精神的なダメージを受けてしまいます。

よほどセンスに自信があるなら、強い武器になるので取り組むべきですが、そうでない場合はやめておきましょう。コンテンツ制作会社が提案してくる場合もあるかと思いますが、過去の実績や企画内容を十分に吟味して判断してください。個人的には、現時点でおもしろ系のコンテンツで高い再現性のあるものを制作できるのは、株式会社バーグハンバーグバーグ（URL http://bhb.co.jp/）1社のみではないかなと思っています。

おもしろ系の企画を進めてよいのは、工数があまりかからないケースです。図4-13は2015年のエイプリルフールに制作したジョーク記事で、製作時間は2時間未満でしたが、そこそこのシェアを獲得できました。このように、ワンアイデアですぐ出せるものであれば、外したところでダメージはありませんので、当たればラッキーという意識で実施してもよいでしょう。

■ 図4-13：ジョーク記事の例

CHAPTER 4 | ハイレベル対策／トラブル対応編

53 バズが起きやすいタイトルのつけ方を知りたい

3行でわかる！
- ☑ バズを狙うにはタイトル、アイキャッチ画像（次節）が非常に重要
- ☑ 「煽り」と「具体的な内容・メリット」を組み合わせて考える
- ☑ バズが起きたあとにSEO特化でタイトルを変更してもOK

🔍 見た瞬間にクリックしたくなることが重要

　FacebookやTwitterなどのソーシャルメディアを利用していると、つながっている人たちがWebページをシェアしている場面にしばしば遭遇すると思います。そんなとき、あなたはどんなWebページがシェアされていたら、クリックしてその先を閲覧したくなるでしょうか。

　ごく当たり前の普通のタイトルに、面白みのない普通の画像が表示されていたら、わざわざクリックしてそのページを見たいとは思わないでしょう。ソーシャルメディア上での拡散を狙うためには、思わずクリックしたくなるタイトルやアイキャッチ画像の選択が必要になるのです。

🔍 SEOを兼ねたクリックしたくなるタイトルのつけ方

○タイトルに必要な要素

　クリックしたくなるタイトルには、見た人間に何らかの感情の動きを促す要素が含まれています。いわば「煽り」の部分で、この記事は自分に関係がありそう、または気になると思わせる要素になります。

　一方で、SEOを意識するとターゲットにしたい検索キーワードを盛り込むことも欠かせませんし、ユーザー視点で考えるとコンテンツの具体的な内容を含めることも必須です（図4-14）。

■図4-14:バズ狙いのタイトルに必要な3要素

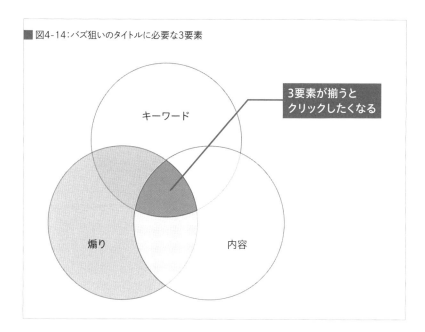

○条件を満たしたタイトルの例

1つ例を挙げてみましょう。下記のタイトルは筆者が個人ブログに書いた記事のタイトルです。URLを変更してしまったのでページ上のカウントはリセットされてしまっているのですが、もともとのURLでは315人にはてなブックマークされた記事です。

要注意！ブログやソーシャルメディアでやってしまいがちな著作権侵害5パターンと基礎知識
URL https://united-rivers.com/sakedrink/copyright-infringement/

この記事のターゲットは、ブログやソーシャルメディアの利用者です。マンガの1コマをブログ記事に掲載したり、アニメのキャラクターをソーシャルメディアのアイコンに利用したりするなど、著作権侵害が気軽に行われている状況があるのが気になって執筆したものです。上記に挙げた要素が満たされているか、確認してみます。

要素1：この記事は自分に関係ありそうだと思わせる要素
　→ブログやソーシャルメディアを利用している人に呼びかけている

要素2：ターゲットにしたい検索キーワード
　→「著作権侵害」を軸に、「ブログ」「ソーシャルメディア」を組み合わせている

要素3：コンテンツの具体的な内容
　→全体で記事の内容を端的に表している

○ユーザー心理にも引っかかっている
　また、この記事は「52 バズが起きやすいコンテンツ企画の立て方を知りたい」で挙げた「ブックマークするユーザーの5つの心理」をすべておさえたことで大きなヒットになりました。

心理1：また読み返したい／あとで読みたい
　→自分も気がつかない間に著作権侵害をしているかもしれないので勉強したい

心理2：人によく思われたい／好ましい印象を与えたい
　→著作権に対して意識が高い人だと思われたい

心理3：自分で言い難いことを代弁させたい
　→著作権侵害をしている友人がいるけれど、直接注意するのは気が引ける

心理4：怒り・義憤をぶつけたい
　→著作権侵害が横行している現状が許せない

そのほかの細かいテクニックとしては、タイトル内に具体的な数値やメリットを盛り込むのもおすすめです。「電気代が毎月○千円安くなる…」といったタイトルです。

🔍 バズが起きたあとSEOに特化してタイトルを変更してもよい ⊗

バズ狙いを優先してタイトルを考えた場合に、SEO視点では最善ではないタイトルになってしまう場合があります。キーワードをタイトルの前方に入れられない、狙いたいキーワードをタイトルに盛り込みきれないなどのケースです。

そのような場合は、バズが起こったあとでタイトルを変更してしまいましょう。あまりに頻繁なタイトル変更はSEO上マイナスに働くことがありますが、1回や2回変更したところで、特に問題は生じません。

CHAPTER 4 | ハイレベル対策／トラブル対応編

54 シェアされやすいアイキャッチ画像の選び方を知りたい

3行でわかる！
- 広告と同じく「3B」が定番
- Webでは食べ物の画像も強い
- 写真素材サイトを活用する

シェアされやすいアイキャッチ画像とは

　「美もしくは美人(Beauty)」「動物(Beast)」「子供や幼児(Baby)」の3つは広告業界で3Bと呼ばれているそうで、消費者の好感を得やすい定番の素材といわれているそうです。

　シェアされやすいアイキャッチ画像も基本的にこれと同じで、加えるとすれば美味しそうな食べ物の画像もシェアを取りやすいです。また、動物は毛がふさふさしたものが望ましく、猫や犬、アルパカなどが定番といえそうです。

写真素材サイトから入手する

　自前で素材にできる画像がない場合は、写真素材サイトから購入しましょう。無料の素材サイトも多数存在しますが、商用利用時にはクレジット表記が必要になるなどの制限をしているサイトもあるので、利用規約をよく確認するようにしてください。

　表4-1に、商用利用も可能な無料の素材サイトや、低価格で購入できる有料サイトをいくつか紹介します。

■ 表4-1：写真素材サイトの例

サイト名	概要	URL
ぱくたそ	無料素材サイトでは少ない人物モデルを使った写真が豊富。インパクトのある素材が多い	https://www.pakutaso.com/
写真AC	投稿も可能な無料素材サイト。ダウンロードには会員登録が必要。「シルエットAC（URL http://www.silhouette-ac.com/）」などの姉妹サイトがある	http://www.photo-ac.com/
足成	定番無料素材サイトの1つ。全国のアマチュアカメラマンが撮影した画像を素材として配布している。会員登録不要	http://www.ashinari.com/
Dollar Photo Club	1素材1ドル、約百円で購入できる有料の素材サイト。品質や解像度も高く、本格的なWeb制作にも利用できる	https://jp.dollarphotoclub.com/
PIXTA（ピクスタ）	1,470万点以上の写真素材・イラスト素材・動画素材が揃った有料の素材サイト。多少費用をかけても、高品質な素材が使用したいときにおすすめ	https://pixta.jp/

CHAPTER 4 ハイレベル対策／トラブル対応編

55 ライティングを外注したい

3行でわかる！
- クラウドソーシングでプロフィールを見極めてから依頼する
- 要件は可能な限り具体的に伝え、参考情報も添える
- 最初から100点満点の人はいない。添削を繰り返して育てていく

記事（コンテンツ）執筆には悩みがつきもの

　コンテンツマーケティング、コンテンツSEOが大事なのはわかっても、「本業が多忙すぎて記事を書く時間が割けない」「スタッフに文章を書ける人間がいない」といった問題で実施ができないという悩みをよく耳にします。文章を書くには時間もエネルギーもかかるだけでなく、まったく訓練していない人には難しいことなので、よくわかる悩みです。

クラウドソーシングを活用する

　そのようなときには、クラウドソーシングを活用して外注を検討してみましょう。記事のテーマや分量にもよりますが、本体サイトに掲載できる品質の記事で1文字1〜3円程度で発注可能です。企画立案ごと依頼することもできますが、方向性がブレてしまうことが多いのでおすすめしません。表4-2に、記事の外注先を探すのにおすすめのマッチングサービスを3つ紹介します。

■ 表4-2：クラウドソーシングサイトの例

サービス名	概要	URL
ランサーズ	日本最大級のクラウドソーシングサイト。専業のフリーランスの登録が多く、大量発注に向いている。ライターだけでなく、Webデザイナーやプログラマも多い	http://www.lancers.jp/
クラウドワークス	ランサーズと並ぶ日本最大級のサイト。登録しているユーザーの属性も近い	http://crowdworks.jp/
シュフティ	看板通り主婦の登録者が多い。大量発注にはやや向かないが、スキルが高いにもかかわらずフルタイムで働けないような人へ発注できると、高品質・低コストになる	http://www.shufti.jp/

外注ライターを探すときのポイント

ランサーズなどのサイトで募集をかける場合、基本的に一般公募になるため、希望している人材が来てくれるかは保証されません。希望する知識や経験を持ったライターを見つけるためには、能動的なアクションも必要です。

たいていのサイトでは登録者のプロフィール情報から検索できるので、それを使って探しましょう。専業のフリーライターは単価が高騰しがちなので、予算が少ない場合は広報経験者やブログ運営者など、ライティング経験が多そうな人を探してみてください。

よさそうな人が見つかったら、メッセージ機能を使って声かけします。声かけをするときは、コピペでまったく同じ文章を送るのではなく、その人のプロフィールに触れて「あなただからお願いしている」という感じを出すと反応してもらいやすくなります。

単価や納期、依頼したい案件の詳細な情報も、その時点で伝えられるとなおよいでしょう。

コンテンツ外注時のポイント

◉ 要件は可能な限り詳細に伝え、参考情報も添える

低単価で記事を量産するSEO業者などは、ライターへ検索キーワードだけ伝えて執筆してもらうケースが多いようですが、これではとても高品質な記事の納品は望めません。

記事を外注する際には、なるべく下記のような具体的な要件を伝えるようにしましょう。

- ・掲載予定サイト
- ・想定ターゲットの属性(読者)
- ・記事タイトル
- ・記事概要
- ・参考URL(記事執筆に必要な情報が載ったサイト)
- ・文体などのルールや制限

◉ ライターへ発注した例

表4-3は、筆者が実際に発注で使用したシートの一部です。特にタイトルはライターへ記事のイメージを伝える上で重要な情報になるので、そのまま掲載されても問題ないタイトルを考えて渡すことが好ましいです。

ただし、執筆途中にタイトルの微調整が必要になってしまうケースがあるので、変更が可能であることをあらかじめ伝えると仕事が進めやすいと思います。

■ 表4-3:ライターへの発注シートの例

仮タイトル	備考
知らないと赤っ恥？フリーランスが請求書を作成するときの〇個の常識	御中／様の使い分け、請求番号などの基本的な項目から、税込み・税抜き表示、源泉徴収などの項目を解説します。 源泉徴収はサラリーマンだけと思っているフリーランスのために、原稿料やデザイン料は源泉徴収の対象になること、請求書では源泉徴収のある・なしで金額が変わる点について言及します。 デザイン料は源泉徴収の対象、コーディング料は源泉徴収の対象外であることも詳しく解説します。
フリーランスから正社員を目指すなら！採用されるための履歴書の書き方	サラリーマンが入社・退社・配属と書くところ、フリーランスの場合は開業、請け負い、（クラウドソーシングサイトに）登録、廃業と表現するなど、フリーランスの履歴書の書き方、実績を効果的にアピールする書き方などを解説します。 技術だけでなく、スケジュール管理能力、営業力、経費・利益などの数値を管理する会計能力もフリーランスの強みとして履歴書・職務経歴書でアピールできます。
退職届を出す前に！フリーランスになる前に押さえておくべき手続きまとめ	失業保険の手続きの仕方と注意点（自主退職と会社都合退職の違いなど）、開業届、青色申告承認申請書の書き方、国民年金、国民健康保険への切り替え、事業用口座の開設を解説します。 青色申告をするメリット、小規模企業共済に加入するメリット、退職前にクレジットカードを作成しておく必要性、インターネットバンキングの利便性も解説します。
フリーランス必見！請求書発行、さまざまな業務が効率化するツール〇選	請求書作成のお役立ちツールなど、普通の会社員とは違う、フリーランスならではの効率化ツールをまとめて紹介。
ここの色どうしよう…と悩んだら！配色デザインに役立つ無料カラーツール〇選	デザインに迷ったときに使える無料の配色ツールをまとめます。 ターゲットは配色センスがないと不安に感じている初心者、配色を学びたいと思っているWebデザイン初心者〜中級者です。

校正・添削をしてライターを育てていく

　発注者・受注者間でどうしても認識のズレはあるので、初めから100点満点の執筆をしてもらえるライターはかなり少ないです。基本的に、フィードバックを繰り返しながら育てていくものだと認識してください。はじめに1〜3記事程度テスト発注を行い、最低限の基準をクリアしているか確認しましょう。

　なかなか手間のかかる作業ですが、はじめに数回繰り返すだけで劇的に品質が上がるライターが多いので、我慢のしどころです。また、原稿を添削すると嫌がられるのではと不安になるかもしれませんが、クラウドソーシングサイトで丁寧に校正・フィードバックを行う発注者は少ないため、むしろ感謝されるケースがほとんどです。

テスト発注でライターを見極める

○テスト発注で確認すべきこと

　納期を守らない、連絡がない、ほかのサイトや書籍からのコピペをする……などは論外として、フィードバックを繰り返しても品質が改善しないライターも残念ながら存在します。そのような人には継続して発注できないので、なるべく早めに見極めがつけられると、対応コストを減らすことができます。

　テストライティングを確認するときに、重点的にチェックすべき3つのポイントを以下に挙げます。

○①語彙は豊富か／同じ言い回しばかりを使っていないか

　同じ言い回しや同じ単語が1つの記事の中で繰り返し使われている場合は、そもそも語彙量が不足している可能性が高いです。語彙量は一朝一夕に増やせるものではないので、フィードバックによって改善する見込みは薄いでしょう。

②論理的につながっている文章を書いているか

「行間を読む」という言葉がありますが、文学ではありませんので、行間を読者に想像させるのを強いる文章は商業ライティングにおいてよいとはいえないでしょう。意味を補完するために読者の思考力を使わせるため、読んでいてわかりにくい、疲れる文章になってしまいます。一例を挙げると、下記のような文章です。

> **悪い例**
> ツバメが低く飛んでいるから、傘を持って出かけた。
>
> **よい例**
> ツバメが低く飛んでいると雨が降るといわれているから、傘を持って出かけた。

流し読むと気にならないかもしれませんが、前の文章では傘を持って出かける理由が明記されていません。こうした部分を意識して書ける人とそうでない人はどうも性質的に異なっているようで、改善はあまり期待できません。

③提示した以外の資料にあたっているか

提示した参考資料以外を見ていないと思われる場合、テストライティング時点でお断りした方がよいと思います。よりよい記事に仕上げるために、ほかの情報をあたってみようという意志がないためです。

CHAPTER 4 | ハイレベル対策／トラブル対応編

56 サイトリニューアルの注意点を知りたい

3行でわかる！
- コンテンツはなるべく移す。リダイレクトを丁寧にかける
- 見た目や動作のチェックだけでなく、HTMLのチェックも
- 制作会社にデザインデータを握られないように

🔍 サイトリニューアルはアクセス減を起こすことが多い

　Webサイトは一度作れば永遠に使えるというものではありません。デザインが古臭くなってしまったり、コンテンツや取扱サービスが増えてナビゲーションが難しくなったりと、様々な事情でリニューアルの必要が生じます。およそ2〜3年ごとにリニューアルすることが多いのではないでしょうか。

　サイトリニューアルは手間のかかるものですが、旧サイトでは実現できなかった機能や要素をつけ加えるチャンスでもあります。あんな機能を盛り込みたい、こんな要素を追加したいと、夢が膨らむ楽しい作業でもあります。

　しかし、リニューアルにはリスクが伴います。リニューアル後にアクセス数を落としてしまうケースが非常に多いのです。ここでは、リニューアルでアクセス数を下げる主な要因と対策を紹介します。

🔍 サイトリニューアル時にやるべきこと・やってはいけないこと

○ コンテンツはなるべく捨てずに引き継ぐ

　サイトを一新するのだから、古いコンテンツ（Webページ）は消してしまおうと一気にコンテンツを捨ててしまうケースをしばしば目にしますが、これは非常にもったいないです。

前述していますが、一度検索エンジンにインデックスされたWebページは、なんらかの形でGoogleの評価を受けています。古いページだからと捨ててしまうのは、そのページについているGoogleからの評価も一緒に捨ててしまうことになります。検索流入数が非常に少ないときは捨てても支障ありませんが、基本的には、なるべくすべてのコンテンツを移植するつもりでリニューアルを実施してください。内容が古くて問題があるのであれば、最新の内容に書き換えればよいだけです。

○新旧サイトで対応するページごとに301リダイレクトを実施する

リダイレクトに対する意識が乏しいケースもよく目にします。特に、以前のサイト制作を担当した事業者とは別の事業者にリニューアルを依頼した際に見落とされやすいものです。リダイレクトとは、ユーザーがアクセスしようとしたURLを、別のURLに転送することで、旧サイトと新サイトでアドレスが異なる場合には必須の対応です（図4-15）。

リニューアル時には、内容が対応するページごとに可能な限り「301リダイレクト」（一時的ではなく、恒久的な転送）をかけてください。まったく同じページが存在しないときは、なるべく内容が近いページへリダイレクトをしましょう。301リダイレクトをしていないと、旧ページについていた評価を失ってしまいます。また、そのページが外部からリンクされていたときには、そのリンクをたどってきたユーザーに迷惑をかけることになります。

また、エンジニアに指示をするときは「301リダイレクト」という伝え方をしてください。単に「リダイレクト」とだけ指示を出すと、別の形式のリダイレクトをされてしまうことがあります。

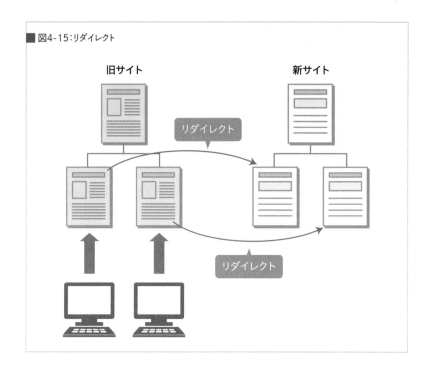

図4-15:リダイレクト

○ 見た目や動作だけでなく、HTMLのチェックも行う

見た目や動作だけでなく、HTMLのチェックもきちんと行ってください。titleタグが全ページ共通になっていたり、h1タグがどこにもなかったりする事例は頻繁に目にします。

品質のよくない制作会社に依頼すると起きやすいので、注意が必要です。かつて、「h1タグを加えて欲しい」と指示をしたら、「フッターに入れればよいか」と返されて言葉を失ったことがあります。そうしたミスによって損害を被るのは制作会社ではなく、運営者自身です。自ら責任をもって詳細にチェックをしてください。

🔍 リニューアル時にはデザインデータも納品してもらうこと

　これはSEOにまつわることではありませんが、制作会社に外注してリニューアルを行う場合には、デザインデータ（PhotoshopやIllustratorで作成した元データ）もあわせて納品してもらうようにしてください。デザインデータがないと、その後の改修や修正が困難になる場合があります。

　制作会社の中には、デザインデータを渡してくれないところが珍しくありません。デザインデータを握られてしまっているせいで、その会社以外へ制作業務を発注できなくなってしまい、制作コストの高騰や、リリース速度の低下などの問題が生じやすくなります。見積りの段階でデザインデータの納品を約束してもらうことを推奨します。

57 ペナルティを解除したい① 「不自然なリンク」の場合

> **3行でわかる!**
> - ペナルティは「不自然なリンク」「低品質なコンテンツ」と判断されると発生する
> - ペナルティを受けたときはSearch Consoleにメッセージが届く
> - 問題を解決したあと、「再審査リクエスト」を送る

Googleのペナルティとは

ガイドライン違反の場合に発生する

Googleのガイドラインに違反していると判断されたサイトには、Googleからペナルティを科せられることがあります。ペナルティを受けると、検索順位が大幅に下落したり、ひどい場合にはインデックスから削除されてしまったりします。

ペナルティは2種類

ペナルティは大きく分けて2種類に分類できます。1つ目は「不自然なリンク」に対して科せられるものです。有料リンクを購入している、過度な相互リンクを行っているなど、人為的(かつ低品質)と思われるリンクが多数存在するような場合です。

2つ目は「低品質なコンテンツ」に対して科せられるものです。これについては、次の「58 ペナルティを解除したい②」で解説するので参照してください。

ペナルティ通知と解除方法

Googleからペナルティを科せられたときは、Search Consoleにメッセージが届きます。件名に、「貴サイトへのリンクがGoogleの品質に

関するガイドラインに違反しています」「品質に関するガイドラインに違反した手法が使用されている可能性があることが判明しました」などと書かれています。

ペナルティを解除するには、人為的なリンクや怪しまれてしまいそうなリンクを極力削除するか、nofollow属性を追加します。削除できないリンクについては、SearchConsoleの「リンク否認ツール」で無視して欲しいリンクを申請し、再審査リクエストを送ってください。

ペナルティを確認する

現在適用されているペナルティは、SearchConsoleの左メニューにある「検索トラフィック」から「手動による対策」へ進むと確認できます。

不自然なリンクと判定されやすいものとは

○不自然なリンクの例

上記のページで「サイトへの不自然なリンク」があると書かれていたら、該当するであろうリンクを削除、またはrel=nofollow属性をつけて対応しなければいけません。下記に、Googleが不自然なリンクと判定するものの例を挙げます。

> - 購入したリンク
> - ビジネスリスティング(有料ディレクトリ登録)
> - 過度な相互リンク(相互リンク自動生成サイトからのリンクなど)
> - 自動生成したテキストで構成された低品質なサイトからのリンク
> - 海外からのリンク(海外向けのサイトでない場合)
> - 共通サイドバーや共通フッターなどの共通部分から張られた大量のリンク
> - 無料ブログからの大量のリンク

○ 悪意のないリンクに注意

購入したリンクはもちろん削除すべきですが、悪意がなくともやってしまうケースもあるので注意してください。よくあるケースとしては、社長ブログやスタッフブログを無料ブログで開設していて、その共通部分から大量のリンクが張られているケースがあります。グループ企業のコーポレートサイト間でも同じような現象が起こりやすいです。

不自然なリンクをチェックする

1 Search Consoleの「サイトへのリンク」を開く

不自然なリンクをチェックするには、まずSearch Consoleからすべての外部リンクをダウンロードします。左メニューにある「検索トラフィック」から「サイトへのリンク」を開き、「リンク数の最も多いリンク元」の「詳細」をクリックします。

2 外部リンクをダウンロードする

「その他のサンプルリンクをダウンロードする」をクリックし、CSVファイルをダウンロードします。

これによって、Googleに認識されている外部リンクの一覧が取得できます(厳密にはすべてではない場合があるようです)。この一覧を見ながら、ペナルティの原因となっていそうなリンク元をチェックしてください。

リンク否認ツールを利用する

　自分でコントロールできないリンクが原因となっている場合には、Search Consoleの、「リンク否認ツール」を用いて、無視して欲しいリンクを申請します。まず、無視して欲しいURLを並べたテキストファイルを作成しておきます。以下に、Search Consoleヘルプに掲載されている否認ツール登録用ファイルの記述例を記載します。

```
# example.com のほとんどのリンクは削除されたが、以下のファ
イルは削除されなかった
http://spam.example.com/stuff/comments.html
http://spam.example.com/stuff/paid-links.html
# shadyseo.com の所有者に 2012 年 7 月 1 日に連絡し
# リンクの削除を依頼したが回答なし
domain:shadyseo.com
```

出典：Search Consoleヘルプ「バックリンクを否認する」
URL https://support.google.com/webmasters/answer/2648487?hl=ja

　行頭が「#」の行はコメント欄です。任意のメモなどを残せます。URLの指定方法には2種類あり、それぞれ、対象ページのURLをそのまま記載する方法と、ドメインごと指定する方法です。ドメインごと指定したい場合には、「domain:ドメイン名」と記載してください。

リンク否認ツールの利用方法

1 リンク否認ツールにアクセスする

　ファイルの準備ができたら、リンク否認ツールにアクセスし、「リンクの否認」をクリックします。

Search Console リンク否認ツール
URL https://www.google.com/webmasters/tools/disavow-links-main

警告が表示されますが、「リンクの否認」をクリックしてください。

2 ファイルを送信する

　ウィンドウが開くので、「ファイルを選択」をクリックして、先ほど作成したテキストファイルを指定して送信すれば、リンク否認の手続きは完了です。エラーが出た場合にはファイルの記述に誤りがあるので、修正して再度送信してください。

再審査リクエストを申請する

　上記のように、可能な範囲のリンク削除やnofollowの追加、リンク否認の申請が済んだら、再審査リクエストを送ってください。

　再審査リクエストはSearchConsoleの左メニューにある「検索トラフィック」→「手動による対策」から行うことができます。リクエストをする際のメッセージには、自分が行った対応や事情をなるべく詳しく記載しましょう。

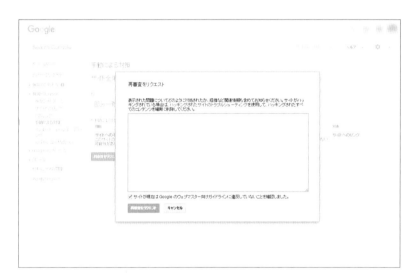

CHAPTER 4 | ハイレベル対策／トラブル対応編

58 ペナルティを解除したい② 「低品質なコンテンツ」の場合

3行でわかる！
- ☑ 類似ページや自動生成ページが多い場合に科せられる
- ☑ パンダアップデート以前の施策に注意
- ☑ 対処方法は、削除かnoindexが基本

低品質なコンテンツとは

○ Googleの要項を確認する

　Googleが「低品質なコンテンツ」と判断した場合も、ペナルティの対象となります（ペナルティについて詳しくは、前節を参照してください）。ほかのページと似通った内容のページが大量に存在する、ツールで自動生成したテキストが大量に載っているなど、低品質なコンテンツが多数存在するときに発生するペナルティです。ほかのサイトからのコピーや、酷似したテキストが多い場合にも対象となります（そもそも著作権侵害ですが）。

　Googleは、価値のない質の低いコンテンツを含むページとして、下記の4つを挙げています。

- ・自動生成されたコンテンツ
- ・内容の薄いアフィリエイトページ
- ・他のソースからのコンテンツ（例：無断複製されたコンテンツ、低品質のゲストブログ記事）
- ・誘導ページ

出典：Search Consoleヘルプ「価値のない質の低いコンテンツ」
URL https://support.google.com/webmasters/answer/2604719?hl=ja

○誘導ページとは

「誘導ページ」だけ意味がわかりにくいので解説すると、作成したオリジナルのコンテンツがほとんどなく、どこか別のサイトへ誘導することだけを目的としたページのことです。ドアウェイページとも呼ばれます。

低品質コンテンツがあると判定されたら

○対処方法は4パターン

前節の「不自然なリンク」と同様、低品質コンテンツがあると判定された場合もSearch Consoleに通知が届きます（確認方法は、前節を参照してください）。ありがちな低品質コンテンツの例としては、「地名を入れ替えただけで、ほかの要素がほとんど同じページ」などが挙げられます。パンダアップデート以前はそうしたページでも評価されたため、意味のあるSEO施策でしたが、現在ではマイナス評価です。

このように、昔に作ったページのせいで低品質コンテンツの評価を受けるケースがしばしばあります。低品質コンテンツと判断されてしまった場合の対応は、下記の4つです。

・削除する
・noindexを設定する
・リライトするなどしてコンテンツの価値を高める
・似た内容のページを統合する

○削除かnoindexが基本

低品質コンテンツに抵触する場合は、ページ数が膨大なことが多いので、現実的には削除かnoindexで対応することになるでしょう。

どこが低品質の判定を受けているのか判断がつかない場合には、「44 低品質なページを洗い出したい」で解説した方法で、検索流入数が少ないページを洗い出してみてください。

ひと通りの対応が完了したら、「不自然なリンク」のペナルティのときと同様に、なるべく詳しい記載をして再審査リクエストを送ってください。

特別付録1

Webサイトのここを見よう！
SEOチェックリスト

SEO チェックリスト（施策一覧）		詳細
項目	説明	
title タグを全ページユニークに記述	各ページの内容を具体的に表す title を、全ページに対して重複がないようにつける。 盛り込むターゲットキーワードの量は TOP3 つ、下層 1 つを目安に。 ページングする際は 2 ページ目以降に「○ページ目」をつけて title の重複を避ける	P.81
h1 タグを全ページユニークに記述	大見出しを意味するタグ。各ページの内容を具体的に表すものを、全ページに対して重複がないようにつける。 ページの内容に合ったテキストを記述することで、検索エンジンに各ページの内容を正確に伝えられる。 title と同じ内容でも問題ない。	P.85
意味の塊ごとに h2、h3 タグで中見出しを入れる	見出しのテキストは続くコンテンツの内容がどんな内容か具体的に示すものにする。 適切な装飾を加えてユーザーの可読性も高める。	P.85
パンくずリストを設置する	本来はユーザーにサイト内での現在位置を知らせるためのもの。 パンくずリストを正しく設置することで Google にサイト構造を認識されやすくなる。 アンカーテキストは、「TOP」や「HOME」などではなくターゲットキーワードを含める。	P.92
テキストリンク未設置の箇所を確認	Google はリンクアンカーテキストをリンク先のページの内容を分析する際のヒントにするため、リンクはなるべくテキストリンクで設置する。	P.74
一覧ページへのユニークテキスト設置	一覧ページはサイト内での重複や、競合サイトとの重複を起こしやすい。 テキスト枠を設置し、そこに独自のテキストを入れることでユニークなコンテンツの割合を増やす。	P.78

項目	説明	参照
重複ページの整理&リダイレクト	内容が重複するページは可能な限り作らず、URLを一本化する。 すでに重複するページが存在する場合は、1つのページを残して削除。 削除したページから残すページへ301リダイレクトをかける。 削除が難しい場合は次項目のcanonicalを設置する。	P.176
\<link rel="canonical" href="http://example.com/"\>タグの追加	内容が重複するページを正規化するためのタグ。URLには基準となるページのURLを1つ指定する。 301リダイレクトとほぼ同じ効果。 スマートフォン最適化サイトを別URLにしている場合には、スマホ版ページから対応するPC版ページへcanonicalを向ける。	P.98
内容が薄いページへのnoindexの設置	Googleにインデックス不要の意思を伝えるタグ。 内容が薄いが削除はできないページに使用する。 特に複数の検索条件を備えたECサイトなどの場合は検索結果画面が大量に生成されやすいので、「3条件以上の指定」「検索結果が3件未満」といったルールを定めてnoindexを適用する。	P.95
公式ソーシャルアカウントの運用	ソーシャルメディアは初期露出の経路として活用できる。 Facebookページ、Twitter、はてなブックマークのアカウントを作成し、育てていく。 とくにバズを狙っていきたい場合には必須。	P.200
OGPの設定	ソーシャルメディアでシェアされたときの表示方法を指定するタグ。 画像を指定することなどにより、目立たせることができる。 FacebookOGPとTwitterカードの設定を行う。	P.133
SearchConsoleへの登録&サイトマップ送信	Googleにサイト内に存在するページのURLを伝えてインデックスさせやすくする。 サイトを改善した際は、サイトマップ再送信し、再インデックスを促す。 リダイレクトを実施する際や大量にnoindex対応する際は、廃止するURLも含める。	P.109
Bingウェブマスターツールへの登録&サイトマップ送信	SearchConsoleのBing版。 BingはGoogleに比べてインデックスが進みづらいので、サイトマップを送信してインデックスを促進する。	P.112
（実店舗がある場合）Googleマイビジネスに登録する	GoogleMapに公式情報を掲載できる機能。地図検索に表示されやすくなる。 口コミ評価が重要なので、掲載したら知人や来店客に口コミの投稿を促す。	P.184

特別付録2

プロが作ったWordPress用スマートフォン最適化テーマ

　最新のWordPressテーマではレスポンシブウェブデザイン対応のものが増えましたが、それ以前にWordPressベースで構築したために、スマートフォン最適化対応ができていないというケースもあるのではないでしょうか。

　そんな方のために、本書の特典としてWordPress用のスマートフォン最適化テーマを配布します。そのまま使用しても、適宜カスタマイズしても構いません。シンプルな作りになっているので、カスタマイズしやすいと思います。

○ ダウンロードURL

翔泳社『効果がすぐ出るSEO事典』ダウンロードページ
URL http://www.shoeisha.co.jp/book/download/9784798143149

■付録テーマファイル

○導入手順

上記URLからテーマファイルを入手したら、管理画面からzipファイルをアップロードするか、解凍してFTPで「/wp-content/themes」内にフォルダごとアップロードしてください。なお、このときインストールが完了しても、「有効化」はしないでください[※]。

※有効化すると、PCで閲覧したときにもこのテーマが適用されてしまいます。

次に、プラグイン「Multi Device Switcher」をインストールして有効化してください。これは、アクセスしてきた端末を判定し、指定したテーマに振り分けるプラグインです。

> **Multi Device Switcher**
> URL https://ja.wordpress.org/plugins/multi-device-switcher/

有効化したら、「外観」の「マルチデバイス」を開きます。スマートフォン用テーマに「ur-sp」を選択して、「変更を保存」をクリックしてください。

次に、プラグイン「Breadcrumb NavXT」をインストールして有効化してください。これは、パンくずリストを追加するプラグインです。

PC版にパンくずリストがあればGoogleにサイト構造を伝えられるので、スマートフォン向けにはパンくずリストを表示したくない場合には、このプラグインは追加しなくても問題ありません。

Breadcrumb NavXT
URL https://ja.wordpress.org/plugins/breadcrumb-navxt/

あとは下記の画像を任意の画像データに差し替えれば、設定完了です。

○ ロゴ画像
/wp-content/themes/sp-theme/img/logo.png

○ メイン画像
/wp-content/themes/sp-theme/img/main.png

特別付録3

狙いが伝わる 外注ライター向けマニュアル

本書のCHAPTER4「55 ライティングを外注したい」を実践する際に便利な、外注ライター向けマニュアルを用意しました。このマニュアルを活用して、自社サイトのコンテンツを盛り上げていきましょう。

○ ダウンロードURL
翔泳社『効果がすぐ出るSEO事典』ダウンロードページ
URL http://www.shoeisha.co.jp/book/download/9784798143149

索引

英数字

301リダイレクト	237
3B	228
ASP	38
Bing Webマスターツール	112
Card Validator	143
CMS	197
Facebookページ	44
FacebookOGP	133
Facebookグリッドツール	138
Facebook広告	130
Facebookデバッガー	136
Fetch as Google	157
Google AdWords	63
Google Analytics	62,101,118,121,178
Google Search Console	109,127,157,244
Googlebot	51,155
Googleトレンド	125
Googleマイビジネス	187
Googleマップ	186
not provided	122
OGP画像シミュレータ	138
Open Graph Reference Documentation	135
Organic Search	121
QAサイト	60
robots.txt	156
RSSリーダー	205
SEOチェックリスト	249
Similar Web	148
siteコマンド	149
Twitterカード	141
W3C	88
Website Explorer	67,178
WordPress	165,199
WordPress用スマートフォン最適化テーマ	251
XMind	69

あ

アイキャッチ画像	228
アクセシビリティ	91
アクセス解析	101
アフィリエイト	36,62
アルゴリズム	21
アンカーテキスト	76,90
一覧ページ	78
インターネットの利用者数	11
インデックス	21,109,155
オウンドメディア	195

か

外注ライター	231
外注ライター向けマニュアル	253
外部施策	24
隠しテキスト	30
隠しリンク	30
関連キーワード取得ツール(仮名・β版)	61
キーワード	31,58
キーワードプランナー	63
競合分析	146
クラウドソーシング	230
クリック率	12
クローキング	30
クローラー	156
クロール	157
検索エンジン最適化スターターガイド	21
検索エンジンシェア	18
検索順位チェックツールGRC	128
検索ボリューム	63
検索連動型広告	19
コンテンツSEO	26,192
コンテンツマーケティング	192
コンバージョン	105

さ

サーバー	203
再審査リクエスト	246

サイト構造	92
サイト設計	67
サイトマップ	116,159
サイトリニューアル	236
サジェストキーワード	59
サテライトサイト	27
サブディレクトリ	198
シークレットモード	147
自然リンク	24,192
写真素材サイト	229
スマートフォン最適化	160
セッションID	171
絶対パス	99
セリングコンテンツ	71
選択したテキストの文字数カウント	152
ソーシャルシグナル	47,201
ソーシャルメディア	13,43,47,200

た

ターゲットキーワード	58
ダイナミックサービング	164
タブレット対策	167
地域情報サイト	189
チャネル	118
長文記事	56
低品質なコンテンツ	34,176,247
ディレクトリ構造	70,172

な

内部施策	24
年代別SNS利用者数	14

は

バズ	200,204,207,218,224
はてなブックマーク	145,207,220
はてなブログ	214
パラメータ	98,171
パンくずリスト	92
パンダアップデート	32
ファーストビュー	50
不自然なリンク	240

ブラックハットSEO	28
プラットフォームインサイト	135
ページ構造	70
別々のURL	164,168
ペナルティ	28,109,240,247
ペンギンアップデート	32,55
ホワイトハットSEO	28

ま

メールマガジン	205
モバイルフレンドリー	161
モバイルフレンドリーテスト	161

や

ユーザビリティ	91
誘導ページ	248

ら

ランディングページ	180
リスティング	36
リダイレクト	175
リンク否認ツール	244
リンクベイトコンテンツ	71
レスポンシブウェブデザイン	163
ローカルSEO	184
ロールオーバー	167
ロングテール	193

タ　グ

alt	90
alternate	168
blockquote	30,52
canonical	98,169,172
follow	96
h	85
keywords	88
meta description	88
nofollow	96
noindex	80,95,156,248
q	30
title	81

著者プロフィール

岡崎 良徳（おかざき・よしのり）

株式会社ユナイテッドリバーズ取締役兼CMO。1982年埼玉県生まれ。2004年早稲田大学卒。年商100億円規模の家電系ECサイトの責任者兼バイヤー、新卒向けWeb求人媒体のコンサルティング営業、地域情報CGMサイトの事業責任者を経て、2015年より現職へ。幅広い経験を活かした施策提案を行っています。美味い酒と美味い料理が好き。趣味は散歩、燻製、Web俳徊と雑文書き。

株式会社ユナイテッドリバーズ　https://united-rivers.com/
個人ブログ　https://united-rivers.com/sakedrink/
Twitter　https://twitter.com/okachan_man
Facebook　https://www.facebook.com/yoshinori.okazaki.71

装丁・本文デザイン　大下賢一郎
DTP　BUCH⁺

効果がすぐ出るSEO（エスイーオー）事典

2016年　1月28日　初版第1刷発行

著　者　　　岡崎 良徳
発行人　　　佐々木 幹夫
発行所　　　株式会社 翔泳社 (http://www.shoeisha.co.jp/)
印刷・製本　大日本印刷株式会社

© 2016 Yoshinori Okazaki

本書は著作権法上の保護を受けています。本書の一部または全部について（ソフトウェアおよびプログラムを含む）、株式会社 翔泳社から文書による許諾を得ずに、いかなる方法においても無断で複写、複製することは禁じられています。
本書へのお問い合わせについては、2ページに記載の内容をお読みください。
落丁・乱丁はお取り替えいたします。03-5362-3705までご連絡ください。

ISBN978-4-7981-4314-9　Printed in Japan